农民培训精品系列教材

农畜产品

品牌建设运营与市场营销

郑盛雄　王锦华　刘淑红　次仁久美　韩晓跃　姜　超◎主编

中国农业科学技术出版社

图书在版编目（CIP）数据

农畜产品品牌建设运营与市场营销／郑盛雄等主编．--北京：中国农业科学技术出版社，2024.4

ISBN 978-7-5116-6777-9

Ⅰ.①农…　Ⅱ.①郑…　Ⅲ.①农产品-品牌战略-研究-中国
Ⅳ.①F326.5

中国国家版本馆 CIP 数据核字（2024）第 076845 号

责任编辑　张国锋
责任校对　李向荣
责任印制　姜义伟　王思文

出 版 者　中国农业科学技术出版社
北京市中关村南大街 12 号　　邮编：100081
电　　话　（010）82109705（编辑室）　（010）82106624（发行部）
（010）82109709（读者服务部）
网　　址　https://castp.caas.cn
经 销 者　各地新华书店
印 刷 者　北京富泰印刷有限责任公司
开　　本　145 mm×210 mm　1/32
印　　张　4.5
字　　数　132 千字
版　　次　2024 年 4 月第 1 版　2024 年 4 月第 1 次印刷
定　　价　36.80 元

《农畜产品品牌建设运营与市场营销》

编写人员

主　编　郑盛雄　王锦华　刘淑红　次仁久美

韩晓跃　姜　超

副主编　汪　浩　邢海景　刘庆峰　兀阿锦

田凤广　陈平伟　邱宝会　王芳丽

徐万里　赵建兰　李建民　李世华

阿拉腾敖都　汤洪远　董红燕

韩　绪　黎洪江　杨梓翼　杨　铭

杨巨良　郭晓娜　沙丽东　林　平

李东健　梁瀚升　李启勇　李　慧

马伟锋　张福年　高明学

编　委　孙书保　阿布都赛买提·吐尔送

彭爱霞　谢文雄　李　刚

前　言

农产品营销是市场经济实践中必须把握好的一个重要命题，其核心理念是以消费需求为导向，以标准化生产、质量管理为抓手，以品牌经营为核心，以高效率流通业态为载体，达到有效经营和管理农业的目的。

我国农产品品牌建设的实践证明，推进农产品品牌建设是发展现代农业的必由之路，是加快乡村经济振兴的重要措施，是转变农业发展方式、引领传统农业转型升级的主要方式，是从供给侧入手推动农业改革，实现农业增效、农民增收的重要途径，可以大力提高我国农产品的国际市场竞争力。

通过本书所学知识的实践，使我们在农产品营销上，确立品牌意识，树立商业信誉，拓宽国内外销售渠道，掌握有效的营销思路与营销方法，提高农产品品牌的核心竞争力，助力农业增效和农民增收。

由于时间紧迫，作者水平有限，敬请广大读者对书中的错误和不当之处提出批评指正。

编者

目　录

第一章　农畜产品品牌创建概述 …………………………………… 1
第一节　品牌含义及其作用 …………………………………………… 1
第二节　农畜产品品牌的概念 ………………………………………… 6
第三节　农畜产品品牌的创建 ………………………………………… 14
第二章　农畜产品品牌定位 ………………………………………… 20
第一节　农畜产品品牌定位的基本概念 …………………………… 20
第二节　农畜产品品牌定位程序 …………………………………… 22
第三节　农畜产品品牌定位策略 …………………………………… 25
第三章　农畜产品品牌要素设计 …………………………………… 29
第一节　网络农畜产品品牌形象设计 ……………………………… 29
第二节　农畜产品品牌识别系统设计 ……………………………… 33
第四章　农畜产品品牌包装策略 …………………………………… 36
第一节　农畜产品品牌包装设计与提升原则 ……………………… 36
第二节　农畜产品品牌包装优化设计的方法 ……………………… 39
第三节　农畜产品品牌包装设计策略分析 ………………………… 42
第五章　农畜产品品牌文化与品牌资产 …………………………… 46
第一节　农畜产品品牌文化的内涵 ………………………………… 46
第二节　塑造农畜产品品牌文化 …………………………………… 49
第三节　农畜产品品牌资产 ………………………………………… 53
第六章　市场营销环境分析 ………………………………………… 58
第一节　微观环境分析 ……………………………………………… 58
第二节　宏观环境分析 ……………………………………………… 61
第七章　农畜产品市场调查 ………………………………………… 64
第一节　农畜产品市场调查的内涵 ………………………………… 64
第二节　农畜产品市场调查的步骤 ………………………………… 66
第三节　农畜产品市场调查的方法 ………………………………… 67

第八章　农畜产品消费者行为分析 …… 69

第一节　影响消费者购买的因素 …… 69

第二节　消费者购买行为类型 …… 73

第三节　消费者的购买决策 …… 75

第九章　农畜产品市场细分与目标市场 …… 78

第一节　市场细分 …… 78

第二节　目标市场选择 …… 81

第十章　农畜产品产品策略 …… 85

第一节　产品生命周期 …… 85

第二节　产品组合策略 …… 88

第十一章　农畜产品定价策略 …… 91

第一节　农畜产品定价目标和程序 …… 91

第二节　影响农畜产品定价的因素 …… 94

第三节　农畜产品的定价方法 …… 96

第四节　农畜产品定价策略 …… 99

第十二章　农畜产品分销策略 …… 104

第一节　农畜产品分销渠道概述 …… 104

第二节　农畜产品批发与零售 …… 107

第十三章　农畜产品促销策略 …… 117

第一节　农畜产品促销与促销方式 …… 117

第二节　农畜产品广告促销策略 …… 122

第三节　农畜产品人员推销 …… 128

第十四章　农畜产品网络营销策略 …… 132

第一节　合理布局营销市场 …… 132

第二节　建立市场营销网络 …… 133

第三节　构筑物流运行框架 …… 134

主要参考文献 …… 137

第一章　农畜产品品牌创建概述

第一节　品牌含义及其作用

一、品牌的含义

品牌（Brand）一词来源于古挪威文字“Brandr”，中文意思是“烙印”。在当时，西方游牧部落在马背上打上烙印，上面写着一句话：“不许动，它是我的。”并附有各部落的标记，用以区分不同部落之间的财产。诸多著述均记述了古代的人们在牛及牲畜身上打上烙印以表明主人，在未干的陶器底部按上指印以表明制陶者，在斧头、镰刀、木桶等工具身上烙上印记以表明生产者或所有者。这就是最初的品牌标志和符号。

二、品牌的特征

品牌是多学科领域的概念。本书研究的品牌属于经济、管理学的范畴，在经济、管理学科中，品牌独特性表现在：

（一）品牌的表象性

品牌是企业的无形资产，不具有独立的实体，不占有空间，但它最原始的目的就是让人们通过一个比较容易记忆的形式来记住某一产品或企业，因此，品牌必须有物质载体，需要通过一系列的物质载体来表现自己，使品牌有形化。品牌的直接载体主要是文字、图案和符号，间接载体主要有产品质量、产品服务、知名度、美誉度、市场占有率。没有物质载体，品牌就无法表现出来，更不可能达到品牌的整体传播效果。

（二）品牌的专有性

品牌是用以识别生产者或销售者所提供的产品或服务的。品牌拥有者经过法律程序的认定，享有品牌的专有权，有权要求其他企业或个人不能仿冒、伪造。这一点也是品牌的排他性。

（三）品牌的信用性

品牌的本质是体现品牌产品生产者的信用，使消费者通过品牌联想到品牌产品的质量、功能、文化等特征。

（四）品牌信息的丰富性

品牌既包括了名称、标志等显性要素，也向消费者传达了包括产品质量、营销服务、市场声誉等内在的信息，代表了品牌建设者的承诺和消费者的体验。

（五）品牌的价值性

品牌具有知名度与忠诚度，可以降低企业的费用，可以获得较高的价格，品牌能够带来竞争优势，因此品牌是有价值的。

（六）品牌的系统性

品牌与品牌产品本身、品牌拥有者、供应商、消费者、中间商、竞争者、大众媒体、政府、社会公众等利益相关群体共同构成了一个相互作用、相互影响的生态系统，品牌生态环境的营造，品牌生态系统的管理是品牌理论研究的重要内容。

（七）品牌的扩张性

品牌具有识别功能，代表一种产品、一个企业。企业可以利用这一优点展示品牌对市场的开拓能力，还可以帮助企业利用品牌资本进行企业扩张、资本扩张。

三、品牌的作用

在产品日益同质化的时代，产品的物理属性已经相差无几，唯有品牌给人以心理暗示，满足消费者的情感和精神寄托，因为品牌总是以某种独特的个性与竞争者区别开来。下面将详细介绍品牌在各方面的作用。

（一）品牌的基本作用——有效识别

品牌，《牛津大辞典》里的解释为“用来证明所有权，作为质量的标志或其他用途”，即用以区别和证明品质。在市场演化进程中，品牌早已跳出了品质证明和区别的简单含义。在现代品牌中蕴含着企业的文化、个性特征、企业性格、群体划分、企业实力等，成为企业独占鳌头的杀手锏。追本溯源，品牌最原始的雏形即是人们在自家家畜上烙上烙印，作为私有财产与他人财产区分的简单标记；然后用简单图形标记在产品上，用作自有产品声誉维护的法律标志；随着市场的繁盛与发展，品牌日益成熟，进而发展到全球企业对品牌的追逐、研究与推崇。

（二）品牌的根本作用——创造最大利益

天下熙熙，皆为利来；天下攘攘，皆为利往。自古经商的本源皆是获取经济价值。至今，品牌成为市场推动的必然，也成为商家获取利益的筹码。品牌与盈利之间有了难以切断的联系。企业的经济利益来自低成本与高销售价格之间的价值差额，价值差额越大，利益就越高。而在普通的成熟行业内，30 元成本的产品无论怎样也不会达到30 000元的销售价格。成本与销售价格差值都会有一个合理限度，而品牌恰恰为经济利益的最大化维持了成本与销售价格的均衡。在成本通向销售价格的实现过程中，企业品牌的优良左右着各个环节价值的核算。品牌之所以能够创造最大利益，是因为品牌将企业置于了市场环境的中心，形成了与企业相关联顾客的向心力；而对非品牌企业而言，企业相关联顾客形成了或多或少的离心力。致使品牌企业与非品牌企业的盈利能力相去甚远。

（三）市场作用——保护顾客的消费质量

顾客的消费质量，是顾客获得的产品价值和体验价值的综合。如果一个顾客在商场里购买了一件物美价廉的衣服，但是却因为服务人员的强迫性购买而耿耿于怀，满腹怨气，那么商家为顾客提供的就不是消费质量，只是简单的产品销售。产品销售只是在为商家实现经济效益；品牌销售，是在为顾客提供愉悦的购买体验，并满足其心理需求。因此，在现代服务体验经济时代，顾客的消费质量不仅包含产品质量的保证，还要为顾客提供良好的购物环境、愉悦的心理体验及个性化的心理需求。

（四）经营作用——提升企业核心竞争力

企业核心竞争力是企业的核心能力，是“硬”和“软”双方面实力的综合。硬件方面包含了企业的技术、设备、研究开发能力、团队的完整和高效等；软件方面包含了品牌建设、企业文化、企业精神、公共关系等。在聚合企业核心竞争力的多种因素中，硬件资源是以物和技术为中心的基础建设和完备；软件资源是以人和文化为中心的精神塑造和指导。由企业多种因素凝聚而成的核心竞争力，独一无二，难以模仿。品牌建设，是企业核心竞争力软件资源中的重要一环。当企业发展成熟到一定程度时，品牌美誉度与知名度等相应提升，消费群体就会减淡对企业背后硬件资源的深入探究和考虑，而关注企业与消费者内心的沟通。海尔、雕牌、奥迪等知名品牌，就是质量和信誉的见证。在技术门槛较低的行业，品牌几乎让产品在终端销售与市场竞争中独占鳌头，占据市场领导者的位置。品牌成为了市场追随者短期内无法逾越的界限。

（五）营销作用——可持续提升销量和销售质量

品牌，是企业与顾客沟通的一种重要方式。它将企业的情感、意识、精神与产品的灵魂、内涵、特点传递给顾客，进行意识形态上的交流。当品牌蕴含的意义激发了顾客内心的需求或情感时，就完成了品牌的任务，同时促成了大众的购买行为，实现产品销售。品牌建设，就是完成与顾客沟通的过程。品牌与顾客沟通的深度决定着企业的销售量和销售质量，因为企业经营的最终环节是顾客的购买消费。从工业品的模糊概念到大众沟通的成功，无疑是在见证着品牌的力量。昆仑润滑油“卓越品质，与神州共腾飞”，统一润滑油“多一些润滑，少一些摩擦”，均实现了从工业品到大众消费品的“润滑”过渡。情感诉求，完成了与顾客的心灵沟通，知名度由行业延伸至大众，产品销量迅速提升。这就是品牌对销售的促动力量。

（六）资本作用——提升无形资产运作的便利性

业界称，处在顶端的资本是企业品牌价值；处在中端的资本，是企业知识产权价值；处在低端的资本，是企业的设备、不动产和流动资本的价值。做企业亦如做人。提起一个多年不见的朋友时，可能在记忆中已经模糊了他的笑容，但仍然会说这个人很实在或值得信赖。“这个人很实在”或是“这个人值得信赖”就是一个人的品牌，一个绵延于周围人内心的个人品牌。他与周围相识者的认同交叉点就是“实在”与“信赖”。同样，企业品牌的影响力可以顺着时间延伸，顺着空间扩展，当具体化产品消失的时候，大众还会记得品牌，所以品牌价值才会被推向企业资本顶端的位置。

（七）价值作用——改善企业的生存与发展环境

十年树木，百年树人。品牌货币化的成长历程，殊途同归……物竞天择，适者生存。企业作为经济圈中的“生命体”，从小到大，由弱到强，不仅在与同类进行着存亡或消长的竞争，同时也在适应着企业内部与周边的诸多种环境。作为市场中独立的企业公民，在适应周边生存与发展环境的同时，也在影响与改善着环境。品牌，作为企业灵魂、文化的凝聚，不仅在公众认知上起着价值观念引导的作用，在企业经营上也起着积极的促进作用。哲学上讲，精神指导物质。当品牌作为抽象的人类文明活跃于市场时，就在为企业这一独立的个体改善或是缔造着生存与发展的环境。

（八）形象作用——把消费者群体等级化

人靠衣裳，马靠鞍。企业形象靠的是品牌塑造。商品正在逐渐脱离实体产品属性而成为文化或是情感的衍生品，消费者更多表现出来的是对品牌文化或情感的共鸣。品牌文化可以在精神高度上达成共识，品牌情感可以触动消费者内心最柔弱的瞬间。文化与情感的认同促成了消费者的购买行为，品牌对消费者精神层次的满足将会培养一批忠诚的顾客。在文化与情感的渗透过程中，市场顺着不同消费者的特征划出了不同的群体级别。

（九）文化作用——全球市场共鸣

民族的，世界的。张艺谋的电影让世界认识了中国文化。含蓄、内敛、包容的内陆文化让极度扩张的海洋文化为之一动。东方文化的厚重与悠远开始揭开了神秘的面纱。在世界经济一体化的环境下，文化伴随着商业比肩而来。欧美、日本和韩国的企业成功进入中国市场均是建立于文化与思想的认同，在每一个成功品牌的背后都藏匿着整个国家的精神特征和文化特性。品牌，作为一种商业与文化结合的产物，让全球民众实现了部分观念的一体化。

（十）精神作用——让消费者生活充满乐趣和意义

闭目而思，品牌会出现在你生活的每一个角落。每一条幽静的小路，每一条繁闹的大街，每一个拥挤的港口，都有琳琅满目的品牌信息传递。一天的生活，从睁开眼享受清晨第一缕阳光开始，你的床、你的地板、你的家具、你的卫浴装饰、你的牙膏，甚至是你的牙刷……都是品牌广告。都市消费者生活在品牌的世界里。品牌表达的是时代的情感，反映的是适时的文化，陈述的是现实的故事。它通过体验式的经济表达方式，将一种文化、一个内涵、一档故事让消费者去感知，去接受，然后去购买……品牌的丰富在装点着社会的繁荣。如果没有绚烂多姿的传播，没有声声的商业吆喝，这个社会会是怎样苍白，消费者又会怎样茫然？男耕女织的经济形态已随历史而去，雏形的商业经济思想在随着时间的推移而不断发展，时至今日，男耕女织已成为一个经济回望和一个守望。回望是历史经济发展的审视，守望是因为经济与经济思想发展之快速让消费者渴望瞬间的安静和简单，然而，只是瞬间。

第二节　农畜产品品牌的概念

研究农畜产品品牌，首先要搞清农畜产品的内涵和外延，农畜产品本身的加工深度、种类不同，特点也不同，这些特点和差异是农畜产品品牌建设策略的重要依据。

一、农畜产品概念界定

不同领域中“农畜产品”的内涵与外延各不相同。《中国大百科全书（农业）》对农畜产品（Agricultural Product）的解释为：广义的农畜产品包括农作物、畜产品、水产品和林产品。狭义的农畜产品则仅指农作物和畜产品。农畜产品是一大宗商品，对其范围的规定和理解没有统一的标准，但一般将其分为广义农畜产品和狭义农畜产品两类。在世界农业贸易协议中，把来源于农业的未加工和已经加工的产品全部以农畜产品的形式加以命名和进行贸易上的谈判。

二、农畜产品的特征

不同研究领域对农畜产品特征的认知角度是不相同的，分析农畜产品的特征主要是立足于农畜产品品牌建设的角度，也就是食用农畜产品的角度。其特征主要表现在：

（一）生产周期长

如粮食作物生产周期在三个月到半年之间，水产品生产周期一般在一年到数年之间，畜牧产品大都在数月以上，由于生产周期较长，导致农畜产品质量的变数较大，生产过程的标准化管理难度大，农畜产品质量的一致性难以保证。

（二）条件影响大

农业生产区域广阔，农畜产品生产过程受天气、阳光、土质、水质、地势等因素影响都很大，使农畜产品的品质差别也很大，农畜产品的异质性特征明显。这些异质性赋予了农畜产品品牌建设的条件，但同时又造成了品牌建设中利益点的不稳定。

（三）生产过程监督困难

客观上，农民的农畜产品生产多在广阔的自然环境中进行。人在野外，疲劳和惰性，容易使生产者对产品的生产投入不足，造成质量不达标。主观上，农民的生产活动受利益驱动，有使用毒性大、成本低等不符合要求的农药和价廉质次化肥的倾向。农民使用不合格化肥、农药影响的是内在质量，而不是外在质量，在检测设备不完备的市场上，不但不会影响生产者的经济效益，反而形成“逆选择”现象，不但不会影响使用劣质化肥和超量农药农民的收入，反而会增加他们的收入。客观和主观因素决定了对农畜产品的生产过程监管难度比一般工业产品生产过程的监管难度大得多。

（四）质量的隐蔽性

农畜产品的质量体现在两个方面：一是内在质量，二是外在质量。外在质量的甄别对于消费者来讲比较容易，通过眼观、鼻闻，利用一般常识就能判断是否新鲜、变质，甚至口味如何。但是内在质量用经验和五官根本不可能轻易甄别清楚；尤其是近年来随着农药、化肥的大量使用，高农药残留的农畜产品充斥市场，对消费者的健康形成极大威胁。

(五) 初级产品的低值性

农业产业是弱势产业，农业产业在我国门槛低，从业人员多，竞争激烈，利润薄、风险大。初级农业产品的附加值远远低于工业产品，导致初级农畜产品品牌建设主体难以积累足够的资金从事“品”的提高，“牌”的塑造和推广。

(六) 异质性

在过去的经济学理论中，一直把农畜产品看作是同质产品，人们在选择农畜产品时对同种农畜产品的附加基本功能、产品质量没有太多的关注。随着生活水平的提高，买方市场的形成，消费者对农畜产品的选择空间增大，对农畜产品的质量差别、附加功能开始关注。再加上农业科技的发展，客观上造成农畜产品差异性增大，还有农畜产品生产经营者在保障农畜产品质量安全方面的措施不同也造成农畜产品的异质。农畜产品的异质性主要表现如下：

1. 品种差异

不同的农畜产品品种，其品质有很大差异，这些直接影响消费者的需求偏好。农畜产品品种质量的差异主要根据人们的需求和农畜产品满足消费者的程度，从实用性、营养性、食用性、安全性和经济性等方面来评判。如水稻，消费者关心其口感、营养和食用安全性。品种间的品质差异促使优质品种以品牌的形式进入市场，得到消费者认可。

2. 生产区域差异

农畜产品的生产具有生物属性，其种类及其品种往往具有生产的最佳区域。不同区域的地理环境、土质、温湿度、日照等自然条件的差异，直接影响农畜产品品质的形成。许多农畜产品，即使是同一品种，在不同的区域其品质也相差很大。例如，东北大米的品质优于江南，新疆西瓜优于沿海。我国地域辽阔，自然环境差异也很大，各地区均有当地的“名、特、优”农畜产品，地域优势是重要的农畜产品品牌要素。

3. 生产方式差异

不同的农畜产品生产方式直接影响农畜产品品质，如采用有机农业方式生产的农畜产品品质比较高，而大量采用农药、激素生产的农畜产品品质较差。生产中采用各种不同的农业生产技术措施也直接影响产品质量，如农药选用的种类、施用量和方式，这直接决定农药残留量的大小。因此，市场上通过质量认证的安全性较强的农畜产品往往具有较好的品牌影响力。

（七）生物性

农畜产品与工业产品和服务产品最大的不同是农畜产品是生物产品。当有生命的产品离开生存条件后，其储藏、保鲜等问题成了农畜产品生产经营各环节要考虑的大问题。在农畜产品品牌建设中，农畜产品的新鲜程度是农畜产品质量的重要方面。因此，农畜产品品牌建设受农畜产品生物性特征影响较大。

（八）食用性

农畜产品支撑着人类的生存和健康。俗话说“病从口入”，现代社会中的“病从口入”含义与过去略有不同，但其根本含义仍然符合人类健康的基本规律。农畜产品的食用性决定了农畜产品的质量安全是农畜产品品牌的首要指标，农畜产品品牌建设的首要任务是保证农畜产品的质量安全。

三、农畜产品品牌

（一）农畜产品品牌的界定

由于农畜产品品牌研究在中国起步较晚，至今还没有一个被学者广泛认可的适合中国国情的概念。有学者尝试按照个人的研究结论为农畜产品品牌下一个尽可能准确的定义。农畜产品品牌是指由农民等生产经营者，通过栽培作物和饲养牲畜等生产经营活动而获得的特定产品，经由一系列相关符号体系的设计和传播，形成特定的消费者群、消费联想、消费意义、个性、通路特征、价格体系、传播体系等因素综合而成的特定的整合体。

农畜产品品牌不等同于农业品牌。农业品牌是指农业领域内，主体之间用于区别本地域、本企业、本企业产品等资源与产品的所有标志、名称等标志性符号。农业品牌的外延要大于农畜产品品牌，农业品牌主要包括农业生产资料品牌、农业生产产品品牌、农业生产服务品牌。农业生产资料品牌和农业服务品牌虽然影响农畜产品品牌的建设，但不是消费者最关心的问题，而农业生产产品品牌，简称农畜产品品牌，是消费者最关心的问题。因此，本书将农畜产品品牌界定为：附着在农畜产品上的某些独特的能够与其竞争者相区别的标记符号系统，代表了农畜产品拥有者与其消费者之间的关系性契约，向消费者传达了农畜产品信息的集合和承诺；农畜产品的质量标志、品种标志、集体品牌和狭义的农畜产品品牌共同构成了农畜产品品牌的系统，使农畜产品品牌呈现出复杂性和多样性。

（二）农畜产品品牌的特征

1. 农畜产品品牌表现形式的多样性

广义的农畜产品品牌包括农畜产品的质量标志、农畜产品的品种标志、农畜产品集体品牌和狭义农畜产品品牌。农畜产品品牌表现形式的复杂性是由农畜产品的特点所决定的，农畜产品市场的逆选择现象严重，为了消除逆选择现象，必须由具备公信力的机构对农畜产品质量给予评价，然后将评价结果即质量等级和地理标志贴在农畜产品上，以方便消费者选择。质量标志和地理标志都是显示农畜产品具有某些特有的自然和人文特色功能的农畜产品标志；种质标志是农畜产品种子品种的标志，种子决定产品，离开了种质标志，人们无法辨别该产品的属性及根源；集体品牌体现农畜产品的区域特征，帮助消费者认识农畜产品的出处；狭义农畜产品品牌是农畜产品质量、功能等特征的集中体现形式。以上这些表现农畜产品质量、特色的符号和标志都是农畜产品品牌的表现形式。

2. 农畜产品品牌效应的外部性

农畜产品品牌效应的外部性表现在以下方面：

第一，地域品牌产生的外部性。地理标志产品的质量或特征主要或全部源于地域环境，包括自然因素和人文因素。按照世界贸易组织的规则，原产地标识制度是一种免费制度，是由国家来提供担保的，如产品出现假冒，由政府来提供保证，而不是由企业来提供担保。因此，地理标志是公共物品，具有外部性。如“赣南脐橙”“南丰蜜橘”等农畜产品的地理品牌，不仅为赣南、南丰本地农畜产品带来较高收益，而且还为全省农畜产品在全国树立了好的口碑，提升了江西省农畜产品在全国的知名度。再如，寿光“乐义”牌绿色蔬菜不但为本企业赢得了消费者，而且为整个寿光蔬菜唱响中国都作出了贡献。

第二，无公害农产品、绿色食品以及有机农产品等品牌称号产生的外部性。“三品”的概念构成了食用农畜产品安全生产的基本框架，是政府为了解决近年来日趋严重的农畜产品质量安全问题而推行和倡导的政府行为。由于政府及社会各界的宣传推动了绿色消费的时尚潮流，“三品”在市场上更容易获得认同，使用“三品”标志的产品能够以比较高的价格销售。“三品”生产者以比较低的市场开发费用赢得消费者。“三品”标志是一种品牌形象，而且是获得“三品”认证农畜产品的整体品牌。“三品”标志具有外部性，使农畜产品生产者一旦获得“三品”认证，就得到了免费的利益。

第三，某个品牌产生的外部性。品牌具有引领时尚的倡导作用。如伊利的“大草原”品牌概念的传播，使消费者对该类产品形成了某种认知。由于农畜产品品牌建设起步比较晚，一些小品牌借用已经形成的品牌效应，如伊利之后，其他品牌也把自己打扮成草原牛奶，出现了“来自内蒙古草原”“大理天然牧场”“新疆天山牧场”“阿坝草原”，如此等等，伊利花费巨资打造的“草原”概念被其他品牌无偿借用。对同业企业，如果在品牌主题中都过度强调某一自然特征，那么这一自然特征会在消费者心中形成认知，这种品牌概念由于具有一般特征而不具有企业特征，而成为整个行业的共同资产。农畜产品品牌诉求普遍强调绿色、自然、健康的概念，一些处于领袖地位的农畜产品品牌由于率先推出了某种理念，品牌效应产生的外部性，使其他品牌的产品免费受益。

3. 农畜产品品牌的脆弱性

容易受损是农畜产品品牌建设的一大特点，前些年出现的“瘦肉精”“毒大米”和“三鹿奶粉”事件就是典型的例证。农畜产品固有的特点是农畜产品品牌脆弱性的内在原因：

第一，农畜产品的质量隐蔽性导致品牌农畜产品质量监管难度大。就“三鹿奶粉”事件来看，奶农供给“三鹿”的牛奶，日常检测指标达30多项，仍然不能检出有毒物质三聚氰胺，足以证明农畜产品质量的隐蔽性，使农畜产品品牌随时都有风险。只要有个别奶农掺入有害物质，整个品牌都可能要遭受牵连。

第二，农畜产品品牌主体的复杂性导致各主体之间的质量管理协调难。农畜产品品牌建设主体主要是农业企业，但政府，农户和行业组织也是参与主体。在“三鹿奶粉”事件中，几个主体的质量管理工作没有协调好，使得问题处理得不及时。三鹿公司的品牌所有权属于三鹿集团，品牌收益归三鹿集团所有，个体农户保护三鹿品牌的动力不足，在没有足够管制的情况下，农户就不惜掺入有毒物质使自己受益。此案中，作为农畜产品质量标准的制定者和质量监督者的政府在事件发生后，仍然没有及时将三聚氰胺作为奶粉的检测项目，也体现了政府与企业、与农户在质量管理上的协调不力。牛奶行业协会在“三鹿奶粉”事件中更是职能缺失，没有负起应有的责任。政府失察、行业协会失职、三鹿公司不为消费者负责、农户见利忘义等行为导致“三鹿”品牌陨落，所以这些现象的发生与农畜产品品牌建设主体复杂、协调困难有关。

第三，农畜产品的食用性特征导致消费者对农畜产品的质量高度敏感，一旦发生质量安全事故，对于农畜产品品牌将是致命打击。如双汇“瘦肉精”事件以后，国内整个肉制品行业受到沉重打击，产值萎缩过半，“双汇”品牌一夜之间大大贬值。

第四，农畜产品的生物性特征也是农畜产品品牌易损的原因之一，农畜产品大都是生鲜产品，在常温下，易腐烂、易变质，影响品牌形象和品牌产品质量，如新鲜上市的蔬菜、鲜猪肉、海鲜等农畜产品随着销售时间的延长，其质量将会越来越差。以上四点都说明农畜产品品牌相比工业产品品牌都显脆弱，建设难度大、风险大。

（三）农畜产品品牌的分类

农畜产品品牌按照不同的分类标准，有不同的分类结果。例如，按照品牌价值和农畜产品消费层次不同，农畜产品品牌可分为低档农畜产品品牌、中档农畜产品品牌、高档农畜产品品牌；按照行业的差别，农畜产品品牌可分为种植业农畜产品品牌、养殖业农畜产品品牌、水产业农畜产品品牌；按照技术含量分类农畜产品品牌有传统农畜产品品牌、科技产品品牌、高科技农畜产品品牌。按照知名度层次分类，农畜产品品牌有：初创农畜产品品牌、知名农畜产品品牌、著名农畜产品品牌。分类的标准有多种，分类结果也有多种。下面的分类标准和结果在后面的研究中都会涉及，在此给予较为详细的分析。

1. 按照品牌范围进行的分类

按品牌范围农畜产品品牌有区域农畜产品品牌、区域农畜产品名牌、全国农畜产品名牌、国际农畜产品名牌。①区域农畜产品品牌，是指在某一地区使用，还没有形成知名度的品牌，一般都是新注册的品牌；②区域农畜产品名牌，是指在某一个地区具备一定知名度的品牌，根据区域大小，区域农畜产品名牌又可分为县市级农畜产品名牌、地市级农畜产品名牌、省级农畜产品名牌等；③全国农畜产品名牌，是指在全国范围内有知名度的品牌，如“金健”大米，“蒙牛”牛奶等；④国际农畜产品名牌，是指被世界公认的、被广泛得到认知的品牌，如“雀巢”咖啡等。

2. 按照市场地位差异的分类

按市场地位差异分类农畜产品品牌有领导型农畜产品品牌、挑战型农畜产品品牌、跟随型农畜产品品牌、补缺型农畜产品品牌。①领导型农畜产品品牌，是指某行业中市场份额最大的品牌，如食用油行业中的“鲁花”；②挑战型农畜产品品牌，指在本产品所在的行业中处于非领导地位，且有能力又有实力向品牌领导者发起挑战的农畜产品品牌，如“胡姬花”“金龙鱼”等；③跟随型农畜产品品牌，指行业中处于跟随地位的、无法对领导型品牌构成竞争威胁的品牌；④补缺型农畜产品品牌，指某一行业，只占领某一不被市场主导品牌注意的细分市场的品牌。

3. 按照品牌的生命周期分类

按品牌生命周期分类的农畜产品品牌有，初创阶段农畜产品品牌、成长阶段农畜产品品牌、成熟阶段农畜产品品牌和衰退阶段农畜产品品牌。①初创阶段农畜产品品牌，是指处于农畜产品品牌建设初期，在市场上使用时间较短的农畜产品品牌；②成长阶段农畜产品品牌，是指已经被市场广泛认可，迅速成长的农畜产品品牌；③成熟阶段农畜产品品牌，是指品牌成长到一定时期，有足够大的市场占有率和知名度，再成长比较困难的农畜产品品牌；④衰退阶段农畜产品品牌，是指没有创新产品，且被消费者抛弃的农畜产品品牌。

4. 按照品牌内涵的差别分类

按品牌内涵分类可分为狭义农畜产品品牌和广义农畜产品品牌。狭义农畜产品品牌，仅指农业企业为自己的产品注册的产品品牌，有时简称农畜产品品牌（或产品品牌）。如“正邦”牌鲜肉；“圣农”牌鸡肉系列产品等。广义农畜产品品牌，是指所有能够体现农畜产品质量、功能等属性的标志。广义农畜产品品牌的四种形式对消费者选择农畜产品和企业提高农畜产品竞争力具有重要意义，因此本书研究的农畜产品品牌是广义农畜产品品牌。

第三节　农畜产品品牌的创建

一、创建农畜产品品牌的意义

（一）有利于农畜产品销售

很多地区近几年来都面临农畜产品滞销等问题，近期形势更加严峻。农畜产品企业为此纷纷建立自己的品牌，通过整体的品牌形象来展示自己的产品特色，提高本企业产品的竞争力，拓宽农畜产品的销路，走“以质量求生存，靠品牌抢市场”的道路，品牌做好时，便会产生更多的附加价值，更有利于销售。

（二）有利于让消费者了解产品特色

我国幅员辽阔，国土面积约960万平方千米，种植的作物不计其数，建立一个品牌有利于让各地消费者都了解各地都种植有哪些农畜产品等，不至于出现哈密瓜是哈密的瓜还是名叫哈密瓜这类问题。

（三）有利于消费者识别

在消费者的心中，农畜产品品牌化那就意味着在各方面都会有保障，从而更容易接受，并且会更容易将需求从个别种类延伸到全品牌产业的种类中去。

二、农畜产品品牌创建过程

（一）规范主体，合理选牌

农民作为品牌经营的最根本主体。在自身意识和行为上存在着许多不规范的地方。诸如，意识上：重注册，轻管理；重名气，轻内涵；重销量、轻质量。行为上易跟风种植，互相压抬价，为眼前利益自砸品牌，或以次充好假冒品牌产品等。因此，制定统一的合理的标准来严格规范主体是创牌的前提。

同时，并非所有的农畜产品都适宜创建品牌，产品的选择应从“特色”着手。传统的土特产品当然是农畜产品创牌的最佳选择，但是特色需要不断的创新去延续和扩大。没有土特产品的地区，就要用创新去创造特色。用1≠1的思维去经营品牌，1≠1是指同样的概念下不断创新的不同的实质。

（二）巧妙营销，有效传牌

1. 选择适合的广告形式，提高投入的有效性

考虑到电视广告的成本较高，大部分农畜产品可以采用其他一些途径。例如，网络广告、户外广告、店面旗帜、终端促销、积分卡销售等形式。网络广告的成本是相当低廉的，而且传递的信息量非常大，多媒体等形式可以更形象地表述产品的外观，很适合农业的需求。而户外、店面等形式不仅价格便宜，而且更贴近于人们的生活，

这与农畜产品和人们的生活息息相关的特性极为相符。积分卡销售、会员制等形式适合农畜产品的反复购买性，可以提高购买频率，形成稳定的消费群体。此外，随着广告总体数量的不断增加，消费者对直接的广告逐渐产生了一种排斥心理，致使许多广告投入无效。企业可以采取一些隐性广告，如在餐馆的餐桌上摆一些本企业产品的空包装，造成热卖景象，诱使消费者跟随购买等。

2. 改善公共关系，塑造品牌形象

通过有关新闻单位或社会团体，无偿地向社会公众宣传，提供信息，从而间接地促销产品，这就是公共关系促销。如粮食生产企业可以无偿地为灾民捐赠粮食，果品企业可以为一些会议、活动提供产品。显然摆在桌子上的印有企业标志的果品会无意中被不少人记住。

此外，可以充分利用农畜产品的自身优势为顾客创造更多的体验。

体验不仅可以使企业更加地了解需求而且可以提升产品的附加值。可以让顾客参加名茶、名烟、名酒等评选活动，让他们对名牌产品提出质量评价和发表使用感受。也可让顾客参与某些生产过程，如雕刻、编织、采摘，以及作物栽培等，并可以自己设计产品的样式及颜色等。拉近企业和顾客之间的距离，充分沟通以便企业能创造更多的个性化产品，从而提升农畜产品的价格。

3. 融入文化

随着生活水平的提高，人们对农畜产品的需求不再仅仅局限于“食”，而是对它同时寄托了特有的价值观、审美情趣和人文情怀。

因此，我们在农畜产品包装上可以通过种种材料、图案、色彩、造型的巧妙和灵活组合，有意识地将文化要素融入其中，赋予产品不同的风格和丰富的文化内涵。使产品借文化而拥有某种附加值。例如，孔府家酒就采用古香古色的青瓷酒瓶古朴典雅，让人品味出红砖青瓦，殷商青铜的文化韵味，体现着儒家文化源远流长。

还可以充分利用和挖掘当地的历史名人、名言、典故，利用名人效应提高农畜产品的知名度和美誉度。例如，浙江金华市源东乡生产的源东白桃就是借“施光南”这一名人所谱写的“在希望的田野上”

进行宣传而一举成名。保定酱菜则借助于“慈禧”而经久不衰。

4. 凸显绿色

追随目前“环保、健康、时尚”的主潮流，农畜产品无论是在生产制作还是在宣传促销中尤其应注重绿色、无公害等。

（三）纵横发展，积极扩牌

如果一个品牌仅仅局限于初级农畜产品，那么他的效应是根本无法扩大的。因为初级产品生物性很强，规模有限，无法保证市场的连续供应和品质的一成不变，从而导致品牌的生命力不强。必须通过纵向的深发展来扩展品牌，也就是一个品牌应涵盖初级加工品，再加工品，深加工和精加工品、包装、运输和营销等一系列内容。

同时，品牌的横向整合是发展的必然选择。只有整合才能把品牌做大、做强，才能攥紧拳头，形成合力，产生较强的竞争优势。

总之，要用专业化生产、区域化布局、规模化经营的目标来塑造农畜产品品牌，积极地扩展品牌，才能使品牌稳扎根基而后长足发展。

（四）脚踏实地，用心护牌

农畜产品与工业品不同，它的规模具有很强的限制性。无论是初级产品还是加工品供给相对固定。不能一味追逐市场而忽略现实。广告投入也不可过大，否则易出现无法供应或以次充好等现象从而影响品牌形象。

品牌延伸要适度，打消东方不亮西方亮的思想。任意延伸到其他领域的风险往往要大于收益，这对于本身处于弱势、微利的农业来说更不适宜。

创立一个成功的农畜产品品牌是不容易的，它不仅是成本、时间、精力的付出，更是市场的认可，它能吸引顾客建立品牌忠诚，增加产品价值，给企业带来丰厚的利润。正因为如此，侵害品牌的事例屡见不鲜。企业应通过多方位注册、谨慎的特许经营、利用法律严惩违法假冒行为等措施来切实保障品牌的权威性，维护产品形象。

三、建立农畜产品品牌的对策

（一）发挥政府部门作用

在面对部分农畜产品企业品牌意识薄弱的问题时，政府和农业相关部门可以通过开展宣传教育、实施鼓励措施等途径来使大众树立品牌观念，提高大众建立品牌的意识。政府以及农畜产品企业应充分开发和利用好大数据信息、电商平台等资源，以此来促进销售、增加农民收入、保障消费者利益，营造争创名牌的社会环境。

（二）主抓建立品牌的主要因素

一个好的品牌会有一个好的品牌名，易于消费者记忆；一个好的品牌会有质量的保障，保护消费者利益；一个好的品牌会有一个好的品牌故事、品牌灵魂，易于让消费者了解；一个好的品牌会有一个好的广告语，易于更好地向外推广产品……而这对于建立农畜产品品牌来说也不例外。一个品牌有故事、有态度、有情怀、体现企业文化，直击消费者才能更快、更好地被消费者接受。如今互联网时代下更是对农畜产品的营销赋予了新的消费主张：以文化内涵、用真情实感来打动人心。

（三）建立品牌后要扩大品牌的知名度

我国有各种各样的、成百上千的品牌，但被消费者所熟知比例不高，因此就要求农畜产品企业在建立品牌时要找准定位然后通过各种途径来扩大产品的知名度。例如：农畜产品企业可以通过中国（寿光）国际蔬菜科技展览会来宣传本企业绿色健康，无公害的农畜产品；可以根据企业实力选择传统媒体或新媒体的途径来打广告以宣传本企业的农畜产品；也可以利用各大电商平台进行直播讲解，真正做到将线上线下结合起来共同宣传品牌理念，扩大企业品牌知名度。

（四）美化农畜产品包装

一个好的包装在物流、销售等方面都有重要的作用。随着人们生活水平的提高，已不再是只满足于温饱问题，人们的消费习惯、生活方式、审美等都发生了重大改变。为了适应这种变化，包装的一个重要作用就是要满足消费者的需求。例如，拆了快递后盒子经过简单组装可以做鸟窝；色彩鲜艳的包装，可以更大程度上冲击人们的视觉，更能打动消费者。

（五）整合乡村文化

乡村文化是发展当地农畜产品品牌的重要内容，乡风文化的体现与农畜产品品牌的理念、文化等息息相关。当地的农畜产品品牌，不只是一个企业的财富，更是当地农户、企业、政府的财富。建立、发展好一个品牌，会带动周围经济的发展，会将只关注这一个品牌延伸到也关注其他相关产业中去。各地农畜产品品牌的建立要整合当地的乡村文化，带动周围经济共同发展。

（六）提升售后服务水平

产品销售结束却不是交易的结束，而是交易的开始。一个好的品牌会有一个好的售后服务，农畜产品企业要在保证产品质量的前提下搭建好与顾客之间的沟通渠道，方便顾客反馈问题后能够及时处理，让消费者更加信任企业的品牌。

第二章　农畜产品品牌定位

第一节　农畜产品品牌定位的基本概念

农畜产品品牌定位是指建立一个与目标市场有关的农畜产品品牌形象的过程与结果。

农畜产品品牌定位的目的是创造鲜明的农畜产品企业个性，树立独特的农畜产品企业形象，并挖掘企业农畜产品的具体产品理念，突出其核心价值，在本质上展现其相对于竞争者同类产品的优势，以求在众多同行企业的竞争中脱颖而出，独树一帜，赢得更多消费者的认同。如灵宝的富士苹果，在苹果生长期内贴上品牌名称，经过光合作用成熟后的苹果便在身上留下了品牌名称；再如方形西瓜、彩色红薯、彩色棉花、绿壳鸡蛋等都是成功案例。

鉴于目前国内农畜产品品牌雷同化有余、差异化不足的现状，农畜产品应坚持以科技创新为主，积极寻求差异化，创立独特的农畜产品食用价值和保健价值等特色为出发点，在与同行企业的比较中明确本企业的品牌定位。品牌定位是决定品牌特征和品牌发展的动力，美国一项市场调研表明，品牌的价值在很大程度上取决于品牌定位。该研究认为，品牌定位、品牌识别与品牌权威都对品牌价值具有影响，而三者的影响程度分别是40%、36%和24%。

这一研究结果证明，品牌定位能够向消费者准确地传递产品和品牌的独特属性以及品牌形象信息，对品牌的市场竞争力具有重大影响，可见品牌定位对于品牌创建的重要性。

一、战略定位的要点

农畜产品品牌战略管理是一项复杂、长远和动态的系统工程，是市场经济和现代大工业的产物，它要求树立与之相适应的竞争观念、市场观念、文化观念、营销观念和无形资产观念。因此，农畜产品品牌发展的战略定位是：以优势产业和先导产业中的优势产品群为重点，全面带动农畜产品品牌战略管理。这个战略定位的要点有以下三点。

（一）突出优势

农畜产品品牌战略管理的目标是通过创立和发展名牌，提升品牌价值。为此，必须有所为、有所不为，突出重点，力求突破。依据国家农畜产品品牌发展规划，把握农畜产品品牌发展趋势，明确主攻方向和近远期发展目标。挖掘整合、优化配置人力、物力和财力资源，使资源集中到优势产业和先导产业中的优势产品群上，形成若干个产业优势，进而带动全国经济迅猛发展。

（二）全面带动

创立和发展名牌，必须先谋势，后谋利。尽管多数产品和企业成不了名牌，却可以通过开展创名牌活动，增强企业竞争的紧迫感，建立严格的质量安全保证体系，为名牌产品的诞生奠定雄厚的基础和后备力量。为此，应该全方位开展创名牌活动。

（三）持久创新

创名牌不是权宜之计，是一项长期的战略方针，一个产品要历经数年的努力，才能创出名牌。

创名牌难，保名牌更难，创了要保，保了又要创。创与保是一个无止境的过程，要求企业不断创新，不断发展。

二、战略定位的原则

根据上述指导思想，实施农畜产品品牌战略，应坚持以下原则。

（一）市场导向原则

农畜产品品牌新品种的开发、生产和销售应立足于现实条件和顾客消费水平，提高市场占有率，追求最大经济效益。

（二）比较优势原则

立足资源优势，找准主攻方向，建立有特色的优势农畜产品生产基地，培植区域农业亮点，形成重点产品群链，并实行聚焦战略，实施政策倾斜。这样，农畜产品品牌的诞生就有坚实的基础。

(三) 重点发展与一般发展相结合的原则

要在全国广泛普及的基础上选择好重点领域或主攻方向，而且各地区也要选准有优势和发展前途的重点产品。企业要选定重点产品以及新产品的开发方向，使其上规模、上档次，迅速做大做强。

(四) 科技支撑原则

发展优势农畜产品品牌必须以科技为支撑，提高农畜产品科技含量，保障农畜产品质量安全，增强农畜产品品牌实力。

(五) 动态发展原则

不断优化优势农畜产品之“优势”，使“优势”更具优势，使“品牌”充实内涵，更富有特色。通过尽快形成一批具有国际竞争力的优势农畜产品品牌，辐射和带动中国农畜产品品牌竞争力的提高。

第二节 农畜产品品牌定位程序

农畜产品品牌定位程序确立的理论依据包括资源基础理论、消费心理理论和定位理论。

农畜产品品牌定位应当包括如下程序：首先对农畜产品企业的农畜产品品牌进行具体定位，明确本企业农畜产品的核心竞争优势，然后对农畜产品企业的内、外部环境进行综合分析，通过环境分析并根据企业所确立的农畜产品品牌的具体定位，选择适合企业农畜产品品牌形象的目标市场，其次农畜产品企业通过有效的传播将品牌定位向消费者进行宣传，最后根据消费者感知度和认可度，评价品牌定位效应，确定品牌定位是否成功。这几个程序也可以具体化为如下步骤：

一、确定具体品牌定位

著名营销大师杰克·特劳特曾经说过，定位就是使品牌实现区隔。今天的农畜产品消费者面临太多的选择，同类农畜产品在市场上随处可见，之间的差别在普通消费者眼中是很难看出来的，经营者要么想办法做到差异化定位，要么就要定一个很低的价钱，才能生存下去。其中关键之处在于能否使品牌形成自己的区隔，在某一方面占据主导地位。

品牌应当既能够满足顾客在功能这一理性方面的需要，又能够满足其个性和体验方面的感性需要，同时也要在对产品进行分析的基础上，在品牌定位中突出某一特定方面，实质上就是强化或放大某一特定方面，使消费者明白购买此农畜产品的利益点。对农畜产品的品牌来说，出于对农畜产品的公共性和综合性的考虑，其品牌所体现的功能性差异不会很大，因此农畜产品品牌在满足农畜产品消费者基本功能需求的同时，应着重强调品牌能够给消费者带来的个性、保健、体验等多方面的价值。只有这样，才能让消费者明确、清晰地识别并记住品牌的个性和价值，让企业品牌在消费者心目中占据无法替代的特定位置。

二、对农畜产品企业内外部环境进行分析

外部环境分析主要包括农畜产品消费者的需求及竞争对手。内部环境分析主要包括企业内部资源状况。农畜产品消费者的需求是品牌定位的基点。其中包括需求状况、类型、结构和变化的基本趋势，以及制约和影响他们需求形成和变化的主要因素，深入分析和了解消费者群的需求满足程度。从生理因素、人文环境因素、经济文化因素和社会因素等角度细分农畜产品销售市场。竞争者是影响到品牌定位的重要因素，没有竞争者的存在，品牌定位就失去了价值。因此，要详细分析竞争者的情况，包括原有竞争者、新进入者和来自替代品牌的威胁，以确立自身品牌的竞争优势。在对外部环境进行分析的同时，农畜产品企业必须清楚地了解自身的优势和劣势，客观评价企业内部资源状况和能力（包括人力、资本、管理、服务质量、技术）。基于以上对农畜产品企业的环境分析，明确企业和产品的核心竞争优势，准确地了解消费者需求、潜在的目标市场、竞争者以及企业的内部资源。

三、确立目标市场

在对企业农畜产品所要进人的市场环境分析之后，根据企业对自

身产品品牌的定位可以选择合适的细分市场作为目标市场。要对农畜产品目标市场进行正确的分析，需要正确评价其规模和潜力，只有形成一定的消费需求，而且具有充分发展的市场持续消费的能力，才能确立为完整意义上的目标市场。

四、品牌定位传播与应用

企业要靠传播才能将概念植入消费者心中，并在应用中建立起自己品牌的真正定位。传播是品牌定位的基本机制，同时也是品牌发展壮大的助推器。品牌定位传播的目的是扩大品牌知名度，增强品牌忠诚度，从而提高本企业农畜产品的长期销量，获得更大量、更稳定、更持久的农畜产品消费者。品牌定位传播包括农畜产品企业内部传播和外部传播。企业内部传播指企业内部的沟通，即向企业员工解释与宣传品牌，使员工理解并认同农畜产品品牌所承诺的消费者价值，并通过优质服务将品牌的核心价值传递给消费者。农畜产品企业的员工是向顾客传递品牌的重要媒介，通过向员工解释和推销品牌，与员工分享品牌的理念和主张，培训和强化与品牌宗旨一致的行为，达到让员工关心和培育品牌，自觉成为品牌一部分的目的。另外，培育与品牌特征相融合的企业文化也是加强员工品牌责任感的重要途径。

企业外部传播指企业通过各种媒体，如电视、广播、报纸、期刊、大型社会活动、各类宣传促销会展等形式向消费者与公众进行品牌宣传和推广，不断将品牌信息传递给社会，将企业品牌理念和品牌内涵输入给消费者，激发消费者的情感共鸣，在目标消费者心目中建立起品牌认知价值和品牌偏好。消费者以各种方式接触企业农畜产品品牌，接收其核心价值的信息，从而加强对品牌识别与核心价值的记忆，达到增加本企业农畜产品品牌知名度和影响力的作用。

五、品牌定位效应评价

品牌定位效应评价应主要考虑两个因子：一是消费者对品牌定位的感知度；二是消费者对品牌定位的认可度。品牌定位最重要的是重视和研究消费者，强化品牌与消费者的关系。如果品牌定位对于消费者而言没有任何意义（价值），那么它对于企业也就没有任何意义可言，所以，品牌定位最后必须放入市场中去接受消费者的检验。从消费者行为分析，消费者的心理基础决定了品牌定位的形式与过程。对于农畜产品企业而言可以通过在产品中附加问卷调查等形式来确定消费者对于该品牌定位的感知度和认可度，从而评价品牌定位的效应，例如，蒙牛、特仑苏等多家企业在这方面的做法都值得我们学习。如果调查显示消费者对品牌定位感知度不高，则说明可能农畜产品企业针对品牌定位所采取的传播途径、方式不当，未能引起消费者足够的关注，因而造成对品牌定位的感知度较低。因此应改进和创新品牌定位传播方式或途径，整合多种品牌传播手段，向消费者提供充分信息，让消费者充分地感知它，这样才有可能得到消费者的认可，接受该品牌定位。

第三节 农畜产品品牌定位策略

在当今时代，消费者对农畜产品需求表现出新的特征：

第一，消费者更加追逐质量上乘、特色突出的名优产品；

第二，消费者更加青睐绿色、有机、无污染的农畜产品；

第三，消费者会主动寻求蕴含在农畜产品中的文化观念和价值，他们会透过农畜产品消费中的文化符号（如包装、品名、品标、色彩、款式等），构建他们内心对品牌的认同感与自我满足感；

第四，消费者更加感性化，消费者除追求物质属性这一理性方面的需要外，还追求其个性、情感和体验方面感性需要农畜产品生产经营企业应对消费者新的需求特征及与企业相同或相似的竞争品牌进行分析，并结合自身资源优势。规避定位容易出现的问题，给自己的品牌确定一个明确的、有别于竞争品牌的差异化诉求点，只有这样才能形成品牌竞争优势，才能在市场竞争中占有一席之地农畜产品品牌定位策略可以从以下几个方面考虑。

一、“自然属性”层面的品牌定位

我国地域宽广。在地理环境、气候、温度、土壤、湿度等方面差异甚大，孕育出品种繁多的土特农畜产品，产地属性标志着农畜产品质量由于商品的特殊品质与其产地的地理环境有紧密联系，靠产品本身就能打造品牌。自然资源优势较强的农畜产品，可以依托自然资源做“特色”品牌定位，以产品优良的或独特的品质作为诉求内容如新疆库尔勒利用其独特的自然环境生产的香梨，具有香气浓郁、酥脆爽口、皮薄肉细、汁多渣少、色泽鲜艳的特点，不但具有营养价值，而且可以药用，其销售遍及全国各地，并成功开拓北美、欧洲、西亚市场深受广大消费者所喜爱。

二、“绿色”层面的品牌定位

随着生活水平的提高，人们越来越注重生活保健，对不用农药化肥的农畜产品的需求日益增长。企业应在农畜产品的生态环境、天然种植、科学加工、运输、品牌传播等过程中均实现绿色环保，以给消费者更全面的信息和更深刻的印象可从以下几个方面入手。

（一）建立绿色农畜产品生产基地

企业应利用农业科技、生物技术、有机农业、生态农业，发展绿色农畜产品，以提高产品附加值，提高农民收入要对农户进行培训，使其学会绿色农畜产品的新技术，要按照绿色农畜产品的质量标准，对农户的产品在各个环节（如生产、加工、质检、销售等）实行绿色生产管理。

（二）设计农畜产品绿色销售渠道

企业应启发和引导中间商的绿色意识，选择绿色交通工具，建立绿色仓库，制定与实施绿色装卸、运输、贮存。企业应尽可能使渠道扁平化，减少渠道资源损耗，降低渠道成本，逐步建立稳定的绿色营销网络。

（三）实施农畜产品绿色传播活动

企业应通过绿色广告、绿色咨询、绿色公关活动等，增强公众的绿色意识，树立企业的绿色形象和绿色定位。

三、“情感”层面的品牌定位

随着我国逐步进入小康社会，人们对农畜产品的关注已经不仅停留在营养成分、风味、加工环节、产地等方面，人们更加重视消费过程中的精神感受。

针对消费者对农畜产品需求的变化，农畜产品品牌在定位上也应有进一步的提升农畜产品品牌不仅要满足人们对物质属性的理性需要，还应满足其对个性、情感和体验方面的感性需要。企业应充分地了解顾客需求，在此前提下，可以通过借助情感包装、情感命名、情感广告、情感促销、情感设计、情感口碑等策略将情感因素注入品牌，唤醒或激发消费者对农畜产品的情感诉求，以实现品牌的情感定位如“水晶之恋”果冻将人类情感中的爱、温暖、关怀等情感内涵融入品牌，唤起消费者内心深处的认同感和共鸣。

四、“个性”层面的品牌定位

品牌差异化最关键的就是做出个性，正如一个人不能被复制一样，品牌只有具备某种特定个性后，它才具备真正的生命力企业可以通过文化创意塑造农畜产品品牌个性形象创意农业就是以科技创新和文化创意相结合，积极挖掘和拓展文化生产力，塑造农畜产品品牌的个性形象，提升农畜产品的品牌价值。

如新疆驰名商标“伊力”品牌，以独具西域特色的彪悍“牛仔”为其品牌形象设计，再加上“伊力特曲，英雄本色”的广告语赋予了品牌鲜明的个性特征。

五、“文化”层面的品牌定位

品牌文化是品牌个性的发展，其目的在于为品牌与目标消费者建立关系创造更广的空间，更多的形式和渠道。

文化使品牌具有灵性，能大幅度提升品牌的竞争力任何一个著名的品牌，它都有精神和文化在后面支撑着，只有这样的品牌才能长久中国具有悠久的历史和厚重的文化积累，许多农副产品具有浓厚的历史文化渊源可从以下几个方面入手。

（一）充分挖掘历史文化资源

如河北省保定涿州市是“桃园三结义”的地方，涿州的桃园不仅要让消费者看到桃花、品尝桃子，更要让消费者看到文化、品尝到文化，文化是更深层次的吸引。

(二) 巧打名人牌

如素有将军县之称的兴国县，开发出系列“红色文化”产品很受市场青睐。

(三) 实施文化体验营销

如日本滋贺县的栗东农畜产品加工中心，消费者不仅可以购买到农畜产品，还可以在这里的“体验道场”品尝各种特色农畜产品，工作人员还不时给予讲解，给人感觉在这里吃的不仅仅是农畜产品，还“吃”着品牌背后的故事和文化企业一旦确立了理想定位，就应将这个定位重复、重复、再重复，放大、放大、再放大，最后就在消费者心智中转化为“唯一陛”，成为消费者认同和购买这个农畜产品的坚定的理由。

第三章　农畜产品品牌要素设计

第一节　网络农畜产品品牌形象设计

为了适应互联网时代的“以消费者为中心”的品牌观念，网络农畜产品品牌的品牌形象战略不再以企业为中心，而是以顾客为中心，设计出新的符合网络属性特点的品牌形象识别系统，并且这种设计甚至贯穿至品牌在网络虚拟空间的每一个行动环节。

网络农畜产品品牌形象设计基础部分包括品牌命名、LOGO 设计、标准色、标准字及卡通形象设计。

一、易于传播的网络品牌命名

品牌命名的重要性是不言而喻的，一提到“金龙鱼”，人们就联想到食用油；一提到“百事可乐”，人们就会联想到汽水；同样，“淘宝”会让人们自然把它与“网上购物”联系起来。可见品牌命名是品牌的代表，是品牌的灵魂，体现了品牌的个性和特点。一个好的品牌名可以自然、流畅地传达品牌的核心价值理念。

网络品牌命名是指产品自身品牌命名，也可以是网站域名。网络农畜产品品牌命名主要是产品品牌名，农畜产品品牌命名的重点就是让消费者从众多的网络品牌中对自身品牌产生深刻记忆。网络农畜产品品牌命名应精确针对品牌网络目标消费群体，以及准确分析目标消费群体的特点作为网络品牌命名的基础。网络农畜产品品牌的命名应该注意以下几个方面。

(1) 品牌命名要从产品属性出发，形象、生动、有穿透力，突出产品的价值，代表目标消费群的需求。杭州东升绿色食品公司以生产销售坚果为主，考虑到网络市场情况，决定打造一个专用网络销售品牌。调查发现，在食品行业类目中，以 18~29 岁的学生和白领为主要消费人群，其中女性占80%左右。确定目标消费对象后，品牌命名为考虑到该人群的特点，品牌命名为“小果子”，给人感觉亲切，形象生动，符合产品属性。

（2）品牌命名应该简洁易记，名称越短越简洁，越有利于传播和记忆。像是“淘豆”“谷的福”这些品牌名称就简洁易记，朗朗上口。

（3）品牌命名最好能与品牌产品类别有关，农畜产品品牌能做到这一点对于在网络上传播推广有一定的帮助，互联网信息量大，农畜产品品牌种类多，品牌名称体现出与产品相关的信息，这样会让消费者在看到品牌名称的时候就对品牌的产品有个线索。比如“新农哥”“半亩果园”“壳壳果”这些品牌名称中就含有产品类别的信息，让消费者看到品牌名称联想到应该是与农畜产品有关的品牌。

（4）品牌命名要考虑传播的独特性。尤其是基于互联网传播发展的品牌，网购消费者相对于比较喜欢有趣的事物，所以可以让品牌名称更加具有个性化，让消费者对品牌产生好奇。比如“囧仁囧食”就是取自“囧人囧事”的谐音，借用网络流行词，结合产品特点，同时品牌名称也传达了该品牌的个性理念——“囧文化”，打造好玩的坚果品牌。

二、便于辨识的网络品牌标志

品牌标志设计是品牌形象设计的核心，企业通过标志来树立品牌形象，传达品牌理念，标志设计追求的是以简洁符号化的视觉艺术形象把企业、商品等事物的形象和理念长留于人们心中。由于互联网的传播模式多样化，所以网络农畜产品品牌的标志设计的表现形式有更大的发挥空间。

三、营造气氛的网络标准色彩

色彩可以体现出品牌个性，是人的视觉最敏感的东西，品牌的色彩选择恰当的话，可以达到事半功倍的效果。互联网是一个以视觉为主的世界，所以色彩的重要性不言而喻。

网络标准色彩主要是用于品牌网站、品牌网络店铺和品牌网络广告等主要以网络表现形式为主的网络用色标准。关于网络标准色彩可以从以下方面考虑：一是必须使用的颜色要符合品牌个性和品牌定位，同时要针对品牌的目标消费者去选择适合的颜色。二是考虑选择网页安全色，网络色彩的视觉效果是通过显示器呈现的，同一色彩在不同的显示器可能会有较大色差，为了减小这个差距，可以使用网页安全色。所谓的网页安全色，是指216种特定的颜色，使用这216种颜色在不同的软硬件条件下，色彩显示效果出现偏差的概率最小化。三是必须了解色彩心理学特征。利用不同色彩代表的不同特征和个性来选择适合品牌定位和个性的色彩。

四、信息准确的网络标准字体

文字承载着信息传递的重要使命，也是品牌品质和个性的重要体现。网络品牌标准字体的应用同样多数是在品牌网站、网络店铺和网络广告中。关于网络字体的选择原则为：一是易于阅读，在网页上使用的字体应该清晰，使消费者浏览和识别顺畅。二是可选择适合品牌个性的标准字体，运用在网页上和网络广告，加强品牌形象，前提要考虑能被大部分人正常阅读识别。三是品牌可以创造独具风格的字体，让字体成为消费者识别品牌的元素之一。例如，品牌的目标消费者是年轻的女性，那品牌字体可以选择比较可爱的特殊字体，像是华康娃娃体、方正喵呜体。但是要注意的是尽量不要在网页中全部使用手写体，因为手写体虽然给人轻松、活泼的感觉，但是不适合作为大段文字信息的字体，会影响消费者阅读顺畅感。所以在网页上标题、导航和广告上的文字可以使用这类特殊字体，但是关于信息表述上的文字尽量选择比较正式的字体。目前网页上使用率较高的字体是微软雅黑，其原因包括微软雅黑属于无衬线体，在网页字体为12 、14px时，微软雅黑的显示非常的清晰和优美，而且微软雅黑字体稍微扁宽，字心饱满，字间距比较小，使得默认的行间距更为明晰，更容易识别，阅读起来也更舒服。

五、个性突出的网络品牌卡通形象

品牌卡通形象是品牌衍生的基础，是根据产品特性、品牌理念，在综合分析市场环境及目标消费者心理的基础上，设计出具有独特个性形象，并赋予品牌的文化理念、价值取向等内涵的卡通形象。品牌卡通形象作为品牌产品的形象载体和虚拟代言人，可以传达品牌情感和独特的个性，与目标消费群体进行情感交流，塑造个性化的品牌形象，促进品牌的传播。

六、造型与结构设计

保护产品是包装设计的基本功能，由于网购中物流运输的不稳定性，包装的造型结构在运输中起到关键作用。合理的包装造型结构，既保证了商品的完好无损，又关系到物流过程中各环节的有效运行，更重要的是，当产品完整无缺地送到消费者手上，消费者对品牌的信任感也会加强。因此网络销售的农畜产品包装在结构上尽量采用简洁的造型，结构无须太复杂，便于运输，同时要考虑到消费者的购物体验、购物习惯等方面。

产品包装在造型上可以考虑统一规格，统一规格的优势在于可以节约包装成本、节省运输空间，进一步可以方便物流外包装规格的设计。网购商品的数量不一，而且运输商品的物流包装如果做过多的规格尺寸会增加成本，所以只有统一产品包装和物流包装的规格才能做到以“不变应万变”。产品包装的统一规格是根据产品的分类不同和净含量大小的设计一款或几款造型结构相同的系列包装，再配合产品包装的造型和尺寸设计特定规格数量（由小到大）的物流包装。产品包装和物流外箱尺寸的配合，能够缩短商品打包的时间；能够让仓储和运输过程中空间利用最大化，既提高效率又减少了资源浪费。

七、视觉与创意设计

在传统线下销售模式中，消费者可以通过查看和触摸包装，来感知到产品的全部信息，而在网络销售中消费者只能通过图片展现形式和文字信息来了解该品牌产品和包装的大致情况。通常产品的包装会以实物照片形式出现，这就要求包装在网页上展示中表述出清晰、美观、包装细节和外观。有些品牌为了使消费者进一步了解包装整体，甚至会采用动画效果展示出包装的全方位。所以基于网络销售的农畜产品包装的视觉设计不仅包括产品包装上的视觉设计，也包括网页上包装展示的视觉设计。

将品牌卡通形象用于包装上是目前网络农畜产品包装上常用的手法，品牌的卡通形象所呈现出来的趣味性、个性化、时尚感提升了产品包装的识别度，同时卡通形象的亲民化，可以拉近与消费者的距离。

第二节　农畜产品品牌识别系统设计

一、品牌识别的内涵

品牌识别这一概念，最早是由法国学者 Kapferer 于 1992 年提出，在其观点中认为，品牌识别意味着每一个品牌都有自己不同的品格、抱负与志向。并且，其将品牌识别分成六个组成部分，即体格、个性、关系、文化、反映与自我形象。在此之后，众多学者对品牌识别的概念展开了研究，最具代表性的研究结果为：品牌识别是品牌战略制定者提出的一种独特的品牌联想，主要包括四个维度，即产品的品牌、组织的品牌、个体的品牌、符号的品牌。

国内关于品牌识别概念的研究最初是基于企业识别层面的研究，后经多年发展，逐渐发展为基于品牌层面的研究。有学者将品牌识别概念分割成两个层面进行理解，分别是核心识别与扩展识别，其中核心识别是品牌最稳定、最重要的本质元素的反映，而扩展识别则是对品牌内涵的丰富，也让品牌识别的表达更加立体、完整。另有学者指出，品牌识别指的是对产品、企业、人等营销活动怎样体现出品牌的核心价值进行界定，最终形成具有特色的品牌联想。

综上所述，关于品牌识别的定义，国内外尚未形成统一定义。品牌识别是基于品牌形象建设的一种深化，更凸显了品牌的独特性。

二、特色农畜产品品牌识别系统的设计

基于农畜产品品牌识别系统的主要构成要素，该系统设计应从以

下几个方面着手。

(一) 以生产区域为核心

我国是农业大国，虽然农畜产品产业化发展取得了一定成绩，但目前我国农业依然以高度分散性的小规模经营为主，难以建立单个大品牌。由于农畜产品生产受地理因素的影响比较大，所以农畜产品的生产经营活动，对自然主体具有较强的依赖性，也就意味着农畜产品的生产经营受制于自然条件与资源。独特的气候条件、土壤条件，以及特有的生产方式、栽培方式，均会使这一区域内的农畜产品在类型、产品特色、功能价值等方面体现出明显的区域特征，使农畜产品品质与历史文化、人文气息相联系，赋予农畜产品鲜明的地方标签。

(二) 以品质与生产方式为辅助

消费者对产品品质的感知是品牌形成的主要来源之一。因此，农畜产品品牌识别系统设计，要以品质为第一辅助，将产品的生产方式作为第二辅助。通常情况下，消费者可以通过四种渠道获知农畜产品品质的情况信息，即个人来源：自己观察；经验来源：听别人讨论；公共来源：接触公共媒体；商业来源：看商业广告。实际上这四种渠道，均是消费者亲身体验过产品后，对产品品质与生产方式等方面的反映。在选择是否购买时，消费者自然会以其能够感知到的质量为判断依据。

所以，将品质作为农畜产品品牌识别系统的第一辅助要素，更能促进品牌的形成。

(三) 以政府部门、企业为基础

农畜产品品牌识别系统的设计过程中，需要一个强有力的执行主体，将生产区域、农畜产品品质、农畜产品生产方式这些要素整合在一起。虽然近些年我国农畜产品生产的专业化、集约化、规模化程度有所增加，但碍于产业化发展时间较短，以及其他各种客观因素的影响，目前我国农业生产规模依然比较小，生产的科技含量比较低，且营销方式较为落后，为了解决这些问题，需要政府部门、农畜产品企业以及农业产业化组织等各方的积极参与，才能够促进我国农业发展，满足现代农业经济发展需求，建立具有我国特色的支柱产业，并与国内外大市场连接，促进农业产业化的进一步发展。因此，农畜产品品牌识别系统建设，要以政府部门、农畜产品企业为基础。

第四章　农畜产品品牌包装策略

互联网经济为农畜产品发展开辟了一条新的道路，农业发展启动“互联网+农业”产业模式创新，品牌创新应结合当下消费者需求和社会发展环境，设计出符合大众审美和可持续发展的包装。使用绿色、环保、可持续的包装材料是当前的政策引领，从而真正做到天然无污染，早日实现乡村振兴的根本目标和任务。在互联网营销市场的作用下，务必提升品牌定位、品牌形象和价值，一个具有趣味性、视觉冲击力的产品包装能够带动营销的顺畅性和消费者的用户体验感，是连接产品和消费者的纽带，在品牌推广方面有着极其重要的作用。

第一节　农畜产品品牌包装设计与提升原则

由于农畜产品的生态资源差异等，农畜产品在包装设计上会比其他产品要求更加标准化、通用化和系列化。

从农特产品包装设计的角度出发，优势农业资源的整合可有效避免相同设计元素被当地中小作坊不断重复使用，也可以有效减少市场上设计水平参差不齐的农特产品包装。在整合产业资源的同时升级设计模式，提升区域整体包装设计的水平。在乡村振兴背景下，为改善传统农畜产品包装设计粗糙、品牌欠佳的问题，生态优势农畜产品品牌的包装优化设计与提升是一个较好的路径，需要遵循以下几个原则。

一、品牌形象性原则

在如今竞争激烈的市场上，品牌的包装设计要具有吸引性、形象性。对于消费者来说，农畜产品的包装会给予产品第一印象，呈现直观感受，好的包装设计会增加消费者的购买欲。包装设计是品牌最为直接的宣传，将品牌文化巧妙地与包装融为一体，包装上的文字、图案、材质等内容信息能够快速传达品牌形象，从而烘托出产品价值和品牌价值。包装设计遵循品牌形象性原则，品牌形象会决定着产品包装的市场占有率，能够让两者之间相得益彰。在包装设计上表现出品牌文化内涵，突出品牌形象，传递品牌理念，是一个品牌成功的关键，品牌形象会决定着产品包装的市场占有率。

二、地区特色性原则

地大物博的中国孕育着人类社会的精神和物质财富，每个地区都有独特的地域环境与特色。农畜产品的包装设计就是地域文化最好的体现，它能够将地区特色进行宣传推广和发扬光大。地域文化中展现出来的语言、建筑、饮食、宗教信仰、民风民俗民情等因素，是地区的特色符号。通过将它们转化成视觉符号，生动、准确地运用在包装设计上，能够潜移默化、熏陶渐染地影响着人们对地域特色文化的了解。在对特色农畜产品的包装设计上，要坚持本土化并且结合现代包装设计风格才能充分发挥地域性特色，传播更多的地域特色文化。

三、包装合理性原则

包装设计首先得考虑包装的功能。包装在其设计过程中需要起到保护产品、节约成本、方便储运和扩大销售的目的，要考虑到人们日常生活的需要，同时还要符合广大群众的审美。农畜产品与其他产品不同，具有易变质、易损耗、易散落、易被污染等特性，而且农畜产品流通链条长且复杂，要经过多次物流环节，才能走进市场，最终到消费者手中。因此，农畜产品包装要在材料和技术上应该做到保鲜保质，减少农畜产品在运输过程中的损害，保证农畜产品的质量安全。当下，对于包装的要求趋于轻薄、实用，可以节省成本减少浪费，减少出现包装过度过剩等情况，从而提高物流工作效率，也能让消费者使用方便简约。

四、产品环保性原则

目前，中华人民共和国第十三届全国人民代表大会常务委员会第三十六次会议修订通过《中华人民共和国农畜产品质量安全法》，自2023年1月1日起，加强施行对农畜产品的安全质量规范化监督。在此之前，我国已经开展了农畜产品质量安全溯源工程，在农业产品的生产源头、流向信息管理和生产档案等方面取得显著成效。与此同时，消费者对农畜产品安全越来越关注，农畜产品的包装影响也备受重视。有些农畜产品虽然有达到绿色食品的标准，但是包装上缺少“绿色”，如经常使用一次性包装、塑料包装袋、使用原料，因此对自然进行破坏。不过，目前世界上已经有越来越多的国家和地区以不同的方式对塑料制品的使用进行限制或禁止，未来包装要求无毒无害、可回收、易降解、轻量化，并且包装设计要落实好可持续性发展理念，企业的农畜产品打入市场的“绿色通行证”需要有尊重自然、顺应自然、保护自然的环保意识。

五、包装创新性原则

低碳经济环境下，包装创新性原则可以围绕新材料、新技术、新工艺及新方式的四个方面进行运用。

由于各地区气候条件不同，对于农畜产品包装材料及技术具有一定的要求，一些新兴包装雨后春笋般涌现，如聚乳酸包装材料、高分子包装材料、纳米包装材料、复合包装材料、有机包装、绿色可降解包装等。包装新技术成为很多国家的热门研究项目，结合现代科技手段，包装技术进入新层面。现有的包装技术有充气包装、真空包装、缓冲包装、悬浮式防震包装等。不同的产品有不同的包装工艺要求，使产品在生产中达到批量化。新型包装工艺也在不断的探索中，能够简化工艺流程，减少材料的使用。市场上关于农畜产品的包装方式五花八门，各有千秋，因此需要根据不同农畜产品种类进行分析。但包装的创新还是要基于产品本身，建立在文化基础之上，才能更进一步推动创新发展。

以上5个原则若能做到，农畜产品的包装会得到消费者更多的关注，提升品牌知名度，也给农畜产品产业带来更多的经济效益，推动乡村振兴走向更繁荣的未来。

第二节 农畜产品品牌包装优化设计的方法

一、明确品牌理念，打造符合当地农畜产品的品牌形象

随着消费水平的提高，大众对于包装审美的要求也越来越高。在农畜产品品牌形象中，明确统一的品牌理念关键词在于打造符合当地农畜产品特色和大众审美趋势的品牌形象。同时，具有优质的品牌理念和品牌形象可以增强消费者对品牌的认同感，有效传递品牌内涵和价值理念。

明确品牌理念时，首先，定义品牌目标和使命：可以帮助企业明确品牌的方向和目标；其次，确定品牌的核心价值：核心价值应该是品牌区别于其他品牌的重要特点；再次，确定品牌的个性和声音：品牌是年轻、时尚的还是传统、稳重的；品牌的声音是友好的还是严肃的，这些问题的答案可以帮助建立一个清晰的品牌形象。然后，确定品牌的目标受众：了解目标受众可以帮助品牌制定有效的品牌营销策略；最后，检查品牌的可行性：明确品牌理念是否符合市场需求，并整理品牌理念关键词。同时，针对不同种类、不同市场、不同人群的农畜产品进行分类，将品牌理念关键词融入包装设计中，体现出鲜明的当地特色和独特的品牌理念与形象感。通过 Logo 信息、当地特色信息、特殊标语、色彩搭配、板式设计等多种形式，体现品牌理念主题，引导消费者共鸣，达到销售目的和加强消费者对当地农畜产品品牌形象的认同。完整的农畜产品品牌系列化产业链可以将品牌形象合理化，丰富农畜产品包装设计风格，全面提升农畜产品品牌价值和效益。

二、引用地域特色文化元素，突破农畜产品包装设计优化

具有地域特色的文化元素符号在包装设计的运用中有着极大的应用优势。随着时间推移，不仅不会因此在大众脑海中消散，反而会凭借自身特色优势以及独特的文化故事，满足消费者的情感需求，刺激消费者的消费欲望。

从文化价值角度来看，当地特色地域文化元素与农畜产品包装设计的结合更能够诉说品牌故事，宣传当地文化，发展当地特色形象，同时增强本地消费者文化自信，在包装设计中创出一条有文化底蕴及故事内涵的新道路。从审美价值角度来看，优美的地域特色文化元素更能够带给消费者良好的视觉体验，在实现农畜产品新潮包装设计感的同时，还能够保留文化特色以及系列化感，让新颖的农畜产品包装设计形象能够更加大胆又富有情调。从商业价值角度来看，利用地域特色文化元素符号在包装设计优化中传递品牌理念，促进消费者购买农畜产品，是实现农畜产品快速商业化的有效渠道。在实际应用当中，可以从当地建筑文化、人文元素、服饰特征、民俗文化中提炼特定的视觉表现元素，从而展现地域文化魅力。

三、包装环保化，绿色包装实现可持续发展

关注全球环境问题，农畜产品使用绿色包装是实现现代化、国际化的关键。当今社会环境问题日益突出，设计师们在设计农畜产品包装时注重包装环保化，贯彻环保理念，鼓励绿色包装从而实现包装可持续发展，为国家环保事业尽一份微薄之力。

那么，如何实现包装可持续发展？可以采取以下措施：第一，在包装设计上采取合理环保的材料尤为重要，例如：包装材料的选择上将纸质材料代替塑料。这类可降解材料不仅可以方便回收，还可以实现循环利用。第二，实行包装绿色环保，减少塑料包装的使用，能更加贴合品牌绿色、环保、健康的理念。在包装外形设计中运用简化美观的造型，避免过度包装与资源浪费。第三，在包装设计上可以利用插画、装饰画等形式进行绿色环保的艺术表达形式，赋予环保化的设计态度，让包装具有收藏价值使得消费者进行保存或者再利用。第四，利用符号、图案、标题等传递绿色环保信息，落实消费者环保思想，实现绿色包装使用率最大化，促进农畜产品包装设计行业绿色健康发展。第五，在农畜产品包装设计过程中，团队应贯彻环保理念，多方面展现可持续发展的设计原则，将农畜产品包装环保化以最大化实现农畜产品包装可持续发展的理想。

四、提升包装时尚感，融合国潮包装设计之美

作为近些年来迅速崛起并且影响力巨大的一种潮流风格，国潮风在许多领域里面有着广泛的应用。

将国潮风设计融入包装，不仅能展现出中国传统文化的浓厚文化底蕴与魅力，而且能够为品牌包装升级从而吸引更多年轻消费者。提升品牌包装的时尚感可以从色彩和图形两个方面入手：色彩方面可以采用饱和度不高的，淡雅的莫兰迪色系进行设计。与货架上明艳亮丽包装的商品不同，莫兰迪色系的色彩反差感使农畜产品散发出宁静与神秘的气息，更能吸引消费者眼球；图形方面可以采用祥云纹、吉祥纹、戏剧、剪纸等元素或者是如故宫、天坛、敦煌等传统文化的标志性元素。设计师可以将色彩和图形两个方面进行结合，做到以全新的表现形式来呈现农畜产品，即将传统的图样进行提炼、变形、创造再结合莫兰迪卡色以提升包装时尚感。

五、附加品牌文化价值，引导文化消费

现如今，随着社会生产力的日益发展，人类的物质需求和精神需求也随之提高，人们对产品的包装设计也有了更高层次的追求。消费者们不再只注重美观，也开始注重包装设计所传达的文化价值。因此，品牌包装的升级设计中附加品牌文化价值，能够增加品牌文化的内涵，引导文化消费。

六、满足适宜物流运输的包装材料及结构，促进销售

特色农畜产品的包装需要匹配现有的物流运输体系。由于现在的农畜产品一般采用原产地直供的方式送到消费者手中，因此顺丰、圆通等物流的强大配送网络为特色农畜产品的运输提供了极大的便利。然而特色农畜产品经营者一般都支持“一件发货”，即装有农畜产品的包装盒混在快递大军中去往祖国各地。从保护农畜产品的角度考虑，农畜产品包装设计首先要具有足够的结构强度。

目前，我国的农畜产品包装规格、材料和结构都没有明确的规定，这给农畜产品的加工、运输和销售都带来了很大不便。因此，在

进行农畜产品包装设计时，需要考虑农畜产品的自然属性，并对包装材料进行更具体的要求。例如，鲜果类农产品的包装需要具有足够的结构强度，同时考虑到其易腐烂的自然属性，以保护其在运输中不被损坏或变质。经营者可以选择使用瓦楞纸箱或牛皮纸袋等具有较强结构强度的包装材料。

特色农畜产品的包装设计还需要考虑物流运输的特点，如选择适合快递运输的包装规格，方便消费者收货，减少物流成本等。例如，特别大的包装会增加物流成本，并且消费者也不一定方便收货，所以包装设计应该注重实用性和便利性。同时，可以设计一系列各种规格的外包装，以满足消费者的不同购买需求，满足物流运输的需要。促进更多的消费的同时，还有利于农畜产品的销售寿命和运输。

第三节　农畜产品品牌包装设计策略分析

一、合理应用地域文化

地域文化是一个地区的历史积淀，是当地人民在长期的社会生活中创造和积累起来的各种物质财富和精神财富的总和。地域文化具有一定的特殊性，其往往比较鲜明、独特，这就需要在包装设计上进行创新，合理应用地域文化来打造包装品牌。例如，东北三省有许多绿色有机农畜产品，其产地主要集中在东北三省及内蒙古东部地区。这些地区气候严寒，但土壤肥沃，这些地区所种植出来的农畜产品大都绿色天然，有机无污染，加上东北地区历史文化悠久，因此这里生产出来的农畜产品都有着浓厚的地域特色和浓郁的文化气息。这就需要在农畜产品包装设计上注重与当地文化相结合，合理应用地域文化来打造包装品牌，突出产品特色并提高产品附加值。

地域文化在包装设计中合理应用可以说是一种创新，是提升包装设计效果和质量的有效手段。这种方式不仅可以提升企业自身品牌形象，还可以进一步增强消费者对产品质量的认可度和美誉度，从而提升产品销量和知名度。

但是在应用地域文化时也需要注意把握好度的问题，不能盲目使用地域文化，否则会适得其反。例如，“大发鱼粉”在我国众多地区都有销售，其中广东地区销售得最好。但是由于广东地区与湖南、湖北等地气候、饮食等方面差异较大，导致“大发鱼粉”包装设计在造型、颜色等方面都与其他地区不太一样，在一定程度上影响了其销售情况。

这就需要品牌在进行包装设计时必须充分考虑到产品本身的地域性特征和产品本身对包装设计提出的具体要求，使其与地域文化相融合。除此之外，还需要注意在包装设计中要避免模仿和抄袭其他地域文化内容或元素。只有合理应用地域文化才能提升产品自身品质和品牌影响力。

二、融入现代科技元素

目前，信息化技术已经渗透到了人们生活的方方面面。信息技术与农业结合，可以为农畜产品包装设计注入新的活力，有助于提高产品质量。信息化技术的应用，可以为农畜产品包装设计提供更多的可能性。例如，在一些传统的农畜产品包装中，通常都会将生产日期、生产地质等内容写在包装纸上。这种包装纸虽然具有一定的安全性和可靠性，但这种产品包装很难吸引消费者的注意力，很难引起他们购买的欲望。而采用信息化技术进行农畜产品包装设计后，就可以将生产日期等信息直接印在包装纸上，这样既安全又能让消费者一目了然地看到产品生产日期和保质期等信息，这样就能提高产品吸引力和可信度。

在包装上加入一些现代科技元素如采用现代化生产设备、应用电脑技术等就可以很好地解决这个问题。

三、增强品牌视觉形象

农畜产品包装设计必须突出品牌特性，才能得到消费者的认同，从而提升品牌形象。农畜产品包装设计中要准确地把握自身的特点，将自己产品与其他同类产品区别开来，让消费者通过包装识别品牌，提高品牌影响力和美誉度。

要把自己的产品与其他同类产品区别开来，首先就需要进行科学的市场调研分析，了解消费者的需求与消费心理，根据自身特点来确定包装设计方案；其次是要注重对当地地域文化，民族特色以及民俗风情等方面的深入研究。目前我国农畜产品市场竞争日趋激烈，农畜产品品牌数量不断增加，市场集中度也越来越高，因此要在农畜产品包装设计上突出品牌特性，打造特色产品。

农畜产品品牌包装设计作为农畜产品文化内涵的重要部分，其包装设计水平的高低直接关系到产品的销量和企业的发展。在信息化驱动下，品牌包装设计应充分结合产品特性及文化内涵来增强其创意性，从而达到提升农畜产品品牌形象并促进其销量的目的。如：在北京大北农集团生产的“京米一号”品牌大米包装上就采用了抽象的表现形式，并用不同颜色代表不同品种。同时在包装上加入“京”字标识，彰显该品牌大米是来自北京这一地域特色，同时也突出了该大米品种丰富且营养成分高的特点。在北京农学院教授张兴茂看来，这种艺术处理手法有其积极意义，因为它具有一种视觉张力，能够令消费者产生联想，并与同类产品形成鲜明对比，从而起到激发消费者购买欲望的作用。因此农畜产品品牌包装设计应该充分结合农畜产品特性进行创意性设计，这样才能使农畜产品品牌包装更具有特色和个性。

四、建立系统的农畜产品品牌包装设计规划

农畜产品品牌包装设计是一个综合系统的过程，需要考虑到产品的特性、消费群体、产品消费市场、产品所处地域、农畜产品自身的品质及市场定位等多方面因素。因此，在农畜产品品牌包装设计过程中，不能单凭个人意志，而是要建立系统的农畜产品品牌包装设计规划，全面分析并评估各方面因素对农畜产品品牌包装设计的影响。

（1）根据企业自身特点和所处市场环境，对消费者和市场进行调查分析。

（2）在调查研究的基础上进行包装定位，明确品牌形象定位和产品属性定位。

（3）根据包装设计目标制定包装设计策略。

（4）根据策略确定农畜产品品牌包装设计方案和具体实施计划。

农畜产品品牌包装设计是一个综合性的系统工作，因此在此过程

中必须要注重农畜产品自身特性和产品市场定位这两个因素对农畜产品品牌包装设计的影响。随着互联网技术在社会生活中应用越来越广泛，消费者的消费行为逐渐改变。因此，在农畜产品品牌包装设计过程中必须要考虑到现代科学技术和信息技术对消费者消费行为的影响，只有这样才能更好地发挥出农畜产品品牌价值。

五、塑造产品的文化内涵

信息化驱动下的农畜产品品牌包装设计，要以产品的品质为基础，塑造出产品的文化内涵，让消费者在消费中体验到产品所带来的精神享受，在体验中产生情感共鸣。

农业是一个大产业，而农畜产品包装是品牌推广和销售的重要途径。这就要求农畜产品包装设计必须符合消费者对农畜产品品牌识别和认知的特点，并能创造出具有品牌文化内涵的视觉形象，从而提升产品竞争力。在信息化驱动下，农畜产品品牌包装设计应以品质为基础，塑造出产品的品质形象；在品牌塑造上，要突出农畜产品特有的文化内涵和地域文化特征；在包装设计上，要注重农畜产品品质和形象、视觉形象及消费者行为习惯之间的关联性；在品牌推广上，要注重与互联网、新媒体的结合，注重线上线下联动。农畜产品包装设计是一门艺术和技术相结合的学科。它涉及美学、心理学、人体工程学、产品设计等诸多方面。只有在对农畜产品文化内涵、消费者心理及行为习惯掌握之后，才能对其进行深刻而又合理的设计。

第五章　农畜产品品牌文化与品牌资产

第一节　农畜产品品牌文化的内涵

一、农畜产品品牌文化的含义

所谓品牌文化（Brand Culture），是指通过建立一种清晰的品牌定位，利用各种传播途径形成受众对品牌在精神上的高度认同，从而形成一种文化氛围，通过这种文化氛围形成很强的客户忠诚度。这种忠诚度是将物质与精神高度合一的境界，是品牌战略的最高境界。它代表了某一人群的生活方式、价值观和个性；它体现着一种文化、一种氛围，一个品牌所有者、使用者的精神追求和精神理念。

在市场竞争日益激烈、产品高度同质化的今天，对农畜产品实施品牌战略已经成为一个必然趋势。在农畜产品品牌塑造过程中。品牌文化作为最核心、最不易被模仿的部分，已被大多数农畜产品经营者、龙头企业和消费者所接受。美国营销大师米尔顿·科特勒曾经说：在消费者与产品之间建立一种“爱”的忠诚度，需要一个传递情感的平台，这个平台就是品牌。对品牌营销而言，以情感价值联系客户的品牌终将大获全胜。可见品牌文化的重要性。品牌文化是品牌核心价值理念、品牌整体内涵的自然流露，是品牌与品牌消费者乃至社会公众进行情感交流、信息沟通的有效载体。如何使目标消费者在琳琅满目的众多同种农畜产品中唯独对你的产品情有独钟，如何使他们在你的产品中享受到自己所要追求的那种情感诉求呢？这是农畜产品品牌文化塑造的目的所在。农畜产品品牌文化是与农畜产品历史渊源相适宜的个性化品牌形象，指农畜产品品牌中的经营观、价值观、审美观等，是在农畜产品品牌定位的基础上，确定品牌核心价值，扩充其价值内涵，并利用各种传播途径，使消费者在精神上对其产生一种情感依赖和联想，从而形成一种天然的文化氛围。

二、农畜产品品牌文化的特征

农畜产品品牌文化的形成不是一朝一夕的事情，它是在农畜产品的生长历史、先进的科技水平和经营管理水平的基础上逐渐形成的，它属于一项系统工程。

农畜产品品牌文化，除了具有文化的一般特征外，还应具有物质性、承袭性和联想性的特征。

（一）物质性

农畜产品品牌文化与民俗、歌舞、礼仪、祭祀等非物质文化不同，它总是相对应于特定的农畜产品及其品牌。与农畜产品新品种的研发、农畜产品的销售运输渠道和农畜产品的市场营销服务等过程相生相伴、形影不离，同时对农畜产品品牌的竞争力产生了无形的影响。如果把农畜产品及其品牌比作一棵枝繁叶茂的大树，农畜产品品牌文化就是大树的鲜花和果实，也是为之输送营养的根。

（二）承袭性

农畜产品的生长具有一定的地域性，其品牌文化是在该地域内的人文气息和农畜产品历史渊源的基础上，根据消费者的认同度和农畜产品本身的特点提出来的，虽然品牌文化可以恒久不变，但是“唯一的不变是变”，随着消费观念的改变，农畜产品品牌文化会在以前的基础上进行创新，以符合消费者情感上的需求。因此，作为特定区域文化的载体，农畜产品品牌文化应具有一定的继承性和沿袭性。

（三）联想性

农畜产品品牌文化在塑造时必须考虑目标消费者的接受能力。不仅要让消费者易于接受、认同，还要让消费者根据该农畜产品的品牌文化联想到自己向往的一种意境，并对其产生情感上的依赖，从而提升目标消费者对该农畜产品品牌的忠诚度，提高农畜产品品牌的市场竞争力，赢得市场。

三、对农畜产品实施品牌文化的必要性

只有对农畜产品实施品牌文化战略，使消费者对其产生情感上的依赖，才能在激烈的市场竞争中占有自己的“一席之地”。

（一）强化品牌形象，突出品牌个性

农畜产品所拥有的悠久历史文化和人文色彩。可以缩减产品与消费者之间的距离，使消费者在享用农畜产品的同时。体验到农畜产品品牌文化所蕴含的历史和人文气息。从而使该农畜产品品牌在消费者心目中留下深刻印象。

因此，给农畜产品注入品牌文化。可以强化农畜产品在消费者心目中的品牌形象，凸显其品牌个性。

（二）提高农畜产品品牌的市场竞争力

市场上不仅有物质方面的竞争，还有精神层面的较量。对于农畜产品而言，产品同质化现象特别严重，如何使农畜产品具有市场竞争力？这就必须给农畜产品品牌中注入自己特有的、天然的文化因素，使其与其他同类产品产生差异，以凸显自己的品牌个性，拉近与消费者的距离，从而克服农畜产品同质化的竞争。而当消费者一旦认同了这种品牌文化，就不会轻易改变，这种根植于消费者对品牌文化的认同感的消费者忠诚是维系与消费者关系的重要手段，它能给农畜产品品牌带来巨大的竞争优势，提高农畜产品品牌的市场竞争力。

（三）增强品牌溢价能力

给农畜产品注入品牌文化，使其拥有鲜明的个性，浓厚的文化气息，虽然它和其他的农畜产品在功能性利益上是一致的。但消费者可能会高价购买它，因为它的里面有了一种情感价值，这是由消费者的消费心理决定的。因此，构建并传播符合消费者情感诉求的品牌文化，并使其置于其他农畜产品之上，就会使品牌价格超过其使用价格，增强品牌溢价能力。

（四）促进地方文化和民族文化的传播

在给农畜产品注入品牌文化时，必然考虑到本地的风俗特点和本

土文化，而农畜产品本身也带着这个地方的特征。所以，当农畜产品品牌、本地文化、民族文化融为一体时，无论农畜产品销售到哪里，它都会将这种文化带到哪里，使更多的人了解这种文化，促进地方文化和民族文化的广泛传播。

第二节　塑造农畜产品品牌文化

一、乡村振兴背景下农畜产品品牌文化营销策略方向

（一）奠定农畜产品的乡土文化基础

在发展过程中具备相应的文化基础，与乡村振兴背景的扩张具有密切联系。随着农畜产品生产制造规模的逐步壮大，其商品属性和商品价格也成为了它的营销标签，使部分不接受农畜产品价格浮动的部分消费群体，开始排斥其销售活动。

（二）宣传农畜产品的品质可溯源体系

农畜产品在对外推广过程中的争议，主要在于种植安全及其原材料经加工后，是否还保留丰富的营养价值。很多人认为外观具有鲜艳色彩的农畜产品，才是名副其实的营养品，忽略了企业生产制造农畜产品过程中，需要长期保存农畜产品的基本运输条件。其中不少人把产品的卖相，作为衡量其营养价值的标准，更看重饮食过程中享受农畜产品作为食品价值的过程。这让部分人员对农畜产品的印象，停留在乡村以往的传统种植环境中，缺乏对品牌化农畜产品生产工艺和质量的深入了解。

（三）推广营养均衡的农畜产品搭配

单一类型的农畜产品不能满足大众日常营养价值的需要。在营销农畜产品品牌文化时，要增加一定的健康饮食推广条件，为消费者普及相应的食物营养学知识和饮食生活常识。通过引入平衡饮食搭配这一宣传理念，推广符合人体微量元素摄入需求的农畜产品合理搭配，帮助更多不了解饮食文化的人员，快速找到适合自己目前身体状况的农畜产品销售套餐，利用农畜产品完成便利的日常饮食营养摄入。结

合乡村振兴背景下的经济发展快速需要，在当地乡村居民区域中引入营养均衡的农畜产品搭配，使农畜产品品牌文化渗透到人们的日常生活中，并逐步对外推介，实现更大范围的营销推广策略。

（四）重视农畜产品的品牌文化形象

农畜产品在乡村振兴背景下的品牌文化营销策略，必须要重视品牌文化形象 IP 的发展规划，形成具有乡村经济环境特色的可识别文化符号。

通过发展与农畜产品有关的文化形象，用更容易被新时代消费者接受的文化形式，推广农畜产品生产制造服务流程，普及一定的食品安全常识，认同农畜产品消费的情感价值，进而实现消费体验的社交传播。

二、乡村振兴背景下农畜产品品牌文化营销创新策略

（一）制定推广农畜产品的大众营销路线

1. 分析吸引消费者的品牌文化特色

对农畜产品品牌文化营销首先要进行吸引消费者的文化特色分析。通过国内外优秀案例，了解有效政府和有为品牌在推广农畜产品过程中所使用的营销手段，利用互联网宣传活动增加关注农畜产品品牌的消费群体数量。在品牌的官方网站、宣传平台、包装宣传中，及时有效的传达农畜产品生长种植自然条件、制造加工的新型工艺、农畜产品区域的特色乡土文化、品牌 IP 形象的设计行销信息，以及一定的企业合作资源和品牌推广合作伙伴等信息。最终根据最受大众欢迎的农畜产品类型和饮食需求，指定成功推广这类产品的营销路线。在营销路线中提到大众消费理念和他们对农畜产品的购买看法，以全方位展示农畜产品营养价值和情感归属的方式，逐步消除消费者对产品本身存在的误解。

2. 制订农畜产品长期的推广营销计划

农畜产品在销售过程中产生的客户资源，是品牌价值不断提升的动力来源。当一个品牌不再受大众关注，或者无法适应一定的购买需

求时，自然会降低他的制造和营销成本，不断挽回已经投入的消耗成本。因此，如何挖掘市场对农畜产品的消费需求，是农畜产品品牌文化营销的一个重点。

在乡村振兴背景下，不仅要考虑当地村民的日常生活习惯和个人消费需求，还应考虑城市居民的购买、使用习惯以及消费需求和趋势，对外推广农畜产品的销售优势和便利交通。在营销农畜产品品牌文化的过程中，重视品牌的产能以及产品质量，符合企业实际生产制造规划的农畜产品长期营销计划。在计划中提到，每年需要出售的农畜产品数量，以及对外公布的农畜产品销售种类和推广活动。并根据推广活动的举办次数以及地点，吸引一定量的消费群体，为他们重点介绍农畜产品的安全条件，使其能够转化为有效的品牌文化推广用户或者农畜产品消费用户。

（二）完成农畜产品生产质检流程的宣传

1. 分析产品生产质检的重要标准

对农畜产品消费质量进行一定的保障，使消费者能够敢于购买当地生产的农畜产品。

通过公布部分企业制造农畜产品的生产质检标准，让大家能够根据公布质检流程中的部分细节，判断品牌是否提供农畜产品的工艺质量保障。结合数据和人员提供的反馈，了解企业员工是否存在违背制造标准的工作情况。定期抽检制造和加工农畜产品的生产环境，减少因错误宣传农畜产品质检安全造成的品牌形象受损现象。结合乡村振兴背景下的品牌生产制造空间环境，规范生产制造农畜产品的数量和标准，在农畜产品品牌文化营销策略中，能够提及保障农畜产品消费安全的重要质检内容。

2. 围绕品牌生产标准宣传农畜产品

农畜产品品牌的宣传与推广，是让大众了解品牌的理念，熟悉品牌文化的过程。大多数消费者会将自己对农畜产品的理解，带入到实际的购买和使用过程中。他们当中存在着错综复杂的消费理念，有人认为健康饮食是首要的购买需求，而越来越多的人认为乡土认同和情感共鸣成为重要的消费需求。所以，品牌在推广农畜产品时，既要考虑到产品能够带给消费者的食用健康和营养价值，用健康饮食这一文化理念推广农畜产品；又要考虑到对乡土民俗文化的渗透和呈现，用乡土情怀这一文化理念包装农畜产品。

（三）营销家庭定制农畜产品搭配的方案

分析大众消费中合理搭配的重要性。消费者有意识购买农畜产品的行为，是他们认可品牌文化的一种外在表现。不合理的农畜产品使用搭配，会降低消费者自身吸收品牌文化的实际影响。处于不同身体生长状况或具有不同农畜产品食用需求的消费者，所需要摄取的营养元素各自不同，购买农畜产品时的个人想法也就千差万别。其中最常见的是以家庭为购买单位的消费者，他们重视家庭年轻成员获取钙元素的成长需求，会有意识地购买牛奶和蛋制品，为家庭成员成长提供自己认为的合理搭配。

把这种消费意识融入农畜产品品牌文化的整体营销方案中，要考虑到更多人对营养元素的获取需要，如针对患有慢性疾病特殊群体的农畜产品搭配需求，如定制适合普通家庭的农畜产品营销推广方案等。

（四）落实农畜产品品牌文化的营销推广

1. 分析乡土文化在品牌文化营销中的宣传

农畜产品品牌文化的形成，与其种植加工过程存在必然联系。因此，在营销其品牌文化时，要通过对农畜产品种植和加工过程中蕴含的乡土文化特色进行推广，帮助消费者更好地体会农畜产品所具备的商业价值和精神价值。通过传统文化符号为找寻乡愁的消费者，提供他们熟悉的泥土味的情感传承。通过民间故事、特色餐饮、原生态技艺等传统记忆，为消费升级的体验者提供农畜产品搭配方案，使他们食用农畜产品的同时切身体会其中的风土人情，提高品牌的乡土文化宣传理念。清除农畜产品品牌文化营销活动中，可能出现的诱导消费陷阱，把淳朴、诚信作为当地农畜产品品牌文化的重要宣传概念之一。

2. 推广农畜产品品牌文化理念下的乡土文化

依据乡村振兴背景下的农业农村经济发展环境，对推广农畜产品品牌文化的乡土气息进行宣传，以凸显农业农村特色和农畜产品品牌活力。要着重杜绝千村一面、缺乏个性的乏味发展模式，避免有的区域因规划不科学，无法从自身农畜产品优势入手，造成资源的浪费。有的农畜产品品牌不注重创新引领，一味对先进经验进行简单模仿和借鉴，缺乏对自身形势的把握和特色文化的传承，形成了对内不利于文化自信和文化自强，对外销售损害品牌利益，伤害消费者情感的尴尬局面。在推广乡土文化的过程中，往往要增强消费者对农畜产品品牌文化理念的识别性和记忆度。一个理想的农畜产品品牌会让消费者念念不忘，这种念念不忘不仅体现在口感和视觉上，而是通感的综合反应。充分调动农畜产品品牌推广营销的空间路径和渠道，放大对农畜产品乡土精神和文脉的延续，才能彰显各地的文化个性和发展潜力。同时还应重视对消费农畜产品过程中和使用后的信息数据收集和分析，形成及时的服务和反馈，使农畜产品营销推广具备维护消费者和品牌双方权益的重要价值。

第三节　农畜产品品牌资产

一、农畜产品品牌资产的构成

农畜产品品牌意识随着近些年我国农业产业的不断发展，已经开始深入人心，人们对于某些品牌的认可，源自对其品质以及特殊优势的青睐。对于一个品牌来说，离不开人们对其产品的信赖和钟爱。品牌在如今这个时代已经成为一种无形资产，且被越来越多人所认同，一个品牌在市场的影响力和竞争力直接反映着其产品在市场的销售情况。

（一）农畜产品品牌的知名度

对于农畜产品品牌的知名度来说，只有让人们记住或者认可产品的名字是不够的，这只是浅层次的对知名度的理解。品牌的知名度根据市场认知情况可以细分为三个阶段，第一个阶段就是品牌的识别阶段，这个阶段通过宣传等市场手段让消费者能够知道有这个品牌，主要是通过出现频率或者出现的深刻程度让消费者产生一定的印象，并逐渐强化这个印象。第二个阶段就是产品的回想阶段，这个时期的产品品牌可以在消费者购买同类产品或者相关产品的时候能够想到或者考虑到品牌，知道这个品牌的大致内容和产品优势，这个阶段品牌已经可以有效途径产品销售了。第三个阶段才是真正到了产品的知名度了，这是品牌知名度的最高层次，如果产品到了这个层次那么说明这个品牌在同类产品中已经属于佼佼者，属于消费者首先选择购买的产品品牌了。

（二）农畜产品品牌的产地

农畜产品会受到生产地自然条件的制约，由于土质、温度、湿度等自然条件的差异会直接影响农畜产品的品质，许多农畜产品都有其生产的最理想地域。同一品种的农畜产品，在不同的区域种植收货时品质差别会很大——橘生淮南则为橘，生于淮北则为枳。

（三）农畜产品品牌的品种

由于农畜产品品种不同，会导致品质有非常大的差异，例如大米就表现在色泽、味道和口感上，这些因素会直接影响消费者的喜好程度。优质品种生产出优质产品，而优质产品会得到更多消费者的青睐，消费者就会重复购买，进而逐渐提高品牌的忠诚度。

二、农畜产品品牌资产的构建

（一）认同品牌理念

由于网络搜索引擎的作用，顾客逐渐减少了对个人品牌经验的依赖性，而网络上的资讯对顾客的影响也越来越大，所以，品牌因素在顾客的购买决策中扮演着越来越重要的角色。品牌网页设计的品质越好，则顾客对其信任程度越高。品牌网站的功能越完善，导航越准确，就越能提高用户对品牌的信任。品牌以多种途径向顾客传递其品牌观念，让顾客形成对品牌概念的认同感，并将消费人群引入品牌的流量池中。

品牌的设计思想不仅局限于网站的易用性，还包含了对产品和服务的概念包装，有效的品牌设计理念能在一开始就吸引到顾客的目光，从而为品牌营销赢得最有价值的注意力。要做好品牌营销的第一步，就是要系统地、有针对性地去塑造品牌的设计理念，将品牌的核心理念注入产品和服务之中，从而在情感上感动顾客。但是，仅仅依靠品牌的设计理念还不足以支持品牌的发展，因为顾客对品牌的服务理念是提升顾客忠诚度的关键。品牌网页对用户的隐私权保护越充分，则使用者的参与意愿越高。网页推广资讯的可靠性与准确性，也与顾客对于网站的信任呈现出正向关系。用户的隐私保障、信息推送的准确性、可靠性等都能反映在品牌的服务观念中。加强对用户的个人信息的保护，能够帮助品牌占领顾客的心神，获取顾客心理倾向。而网络技术的飞速发展，使得网络构建的虚拟市场变得日益重要，顾客的好奇心也与日俱增，他们想要从产品中得到更多的信息，而信息的可靠性是品牌赖以生存的基础，也是顾客选择品牌的基础。因此，在品牌设计与服务观念的双重层面上，建立顾客的品牌观念，是建立品牌资产的关键。

（二）吸引品牌客户

想要让普通的顾客成为品牌的忠实拥趸，就必须要提高他们的参与感，如果他们在这个过程中掌握了更多的话语权，那么他们的参与度就会更高，而强化了社交属性，就可以大大地提高用户的参与度，也就是让顾客变成品牌的“粉丝”。随着网络媒体的迅速发展，品牌与粉丝、粉丝之间的互动也越来越深入，粉丝们的聚集也从线下转移到了线上。在网络上，粉丝社区是网络社区的一部分，活跃在社区里的消费者对品牌的信任和忠诚度会更高，而娱乐和社交则会增加用户的归属感。

基于社区凝聚力的粉丝文化在社区中的广泛传播，而情感因素则是社区文化的内在动力。在粉丝社区中，人们更加有归属感，有更强的感情目标，他们在交谈中经常会迸发出更多火花，情感连带的程度更高，可以加强彼此的认同和信任。粉丝社区建立在对相同符号的认同与归属上，通过各种形式的互动，促进团体的凝聚力；另外，提高品牌知名度也是增加粉丝数量的一种手段，品牌知名度越高，就代表着品牌在媒体上的知名度和关注度就会越高。将品牌知名度转换成消费者对品牌的信任与忠诚度，是塑造粉丝资产的关键，而转化率越高，则代表品牌知名度越高，对品牌资产的累积也会产生重大影响。

在数字经济时代，品牌的营销手段都发生了巨大的变革，消费者的注意力也从“品牌的知名度”转移到“品牌认同”，品牌不仅仅是一个公司的经济实力、产品服务的实力，更多关注的是自我的一种表达。而粉丝社区，正是为粉丝们提供了一个表达自己的途径，在这个社区里，打造品牌的价值可以说是事半功倍，而粉丝们对媒体平台的决定也会产生更大的影响。所以，品牌可以在社区中建立起与消费者的信任关系，从而提高顾客的归属感，达到沉淀品牌资产的目的。

（三）打造品牌平台

品牌社区是一个基于某个品牌所提供的服务的平台，拥有相同爱好和诉求的用户可以在平台上进行交流，而且不受地域和时间的限制。在数字经济时代，人们通过网络进行沟通和交流，从而形成了网络品牌社区。传统的品牌社区，往往都是一种有条条框框的社会关系，在数字经济的冲击下，品牌社区的划分已经从简单的崇拜和被崇拜关系中消失，变成了一个让品牌与粉丝、粉丝与粉丝之间进行深入交流的平台。

社区成员的共享、交互等行为将对品牌与消费者的关系产生非常关键的作用；线上品牌社区的价值对于社区会员的购物决定和品牌忠诚度有显著的影响，主要体现在社交、资讯品质、品牌形象、财务状况、娱乐属性等方面。对于消费者来说，在线品牌社区既是获取产品信息、品牌体验、影响消费决策的平台，同时也是对品牌进行认知的重要场所。线上品牌社群所组织的活动、所传递的品牌观念、活动的方法与技术都十分重要，其内容越丰富，越能加深消费者对品牌的认识，提升对品牌忠诚度。另外，在网络社区中，消费者之间的互动可以加深消费者对品牌的认知，提高消费者对品牌的亲切感和忠诚度，从而提高品牌的可信性和归属感。在消费者看来，网络品牌社区就像是传声筒，可以把品牌声音放大；就品牌来说，网络品牌社群就像意见箱一样，能够从用户那里获取用户的信息和用户的反馈。网络品牌社区将消费者与品牌整合到同一空间，让二者直接进行交流与沟通，加深相互之间的理解，并通过品牌与消费者的对话来实现品牌的价值。

第六章　市场营销环境分析

第一节　微观环境分析

微观环境因素包括企业、供应商、营销中介、顾客、竞争者和公众等，这些因素对企业产生直接影响。

一、企业

企业的市场营销部门不是孤立的，它面对着企业的许多其他职能部门，如高层管理者（董事会、总裁等）、财务、研究与开发、采购、制造和会计等部门。营销部门在制订和实施营销计划时，必须考虑其他部门的意见，处理好同其他部门的关系。

高层管理者是企业的领导核心，负责规定企业的任务、目标、战略和政策，营销管理者只有在高层管理者规定的范围内作出各项决策，并得到上层的批准后才能实施。

营销管理者还必须同其他职能部门发生各种联系，如在营销计划的实施过程中资金的有效运用、资金在制造和营销之间的合理分配、可能实现的资金回收率、销售预测和营销计划的风险程度等等，都同财务管理有关；新产品的设计和生产方法是研究与开发部门集中考虑的问题；生产所需的原材料能否得到充分的供应，是由采购部门负责的；制造部门负责生产指标的完成；会计部门则通过对收入和支出的计算，协助营销部门了解其计划目标实现的程度。所有这些部门，都同营销部门的计划和活动发生密切的关系。例如，营销部门的经理把营销计划呈送给高层领导之前，要征求财务和制造部门的意见，因为这两个部门如果在资金使用和生产能力上不予支持，则营销计划将成为泡影。此外，营销部门与其他部门之间也时常发生矛盾，均需妥善处理。

二、供应者

供应者是指向企业及其竞争者提供生产上所需资源的企业和个人，包括提供原材料、设备、能源、劳务和资金等。企业要选择在质量、价格、运输、信贷和承担风险等方面条件最好的供应者。

供应者这一环境因素对企业营销的影响很大，所提供资源的价格和数量，直接影响企业产品的价格、销量和利润。供应短缺、工人罢工或其他事故，都可能影响企业按期完成交货任务。从短期来看，这些事件会导致销售额的损失；从长期来看，则会损害企业在顾客中的信誉。如果企业过分倚重于单一的供应者，往往容易受其控制。并且若单一供应者遇到意外情况而致使其供应能力受到影响，也会直接波及到企业的生产和销售。因此，企业应尽量从多方面获得供应，以降低供应风险。

三、营销中介

营销中介是指在促销、分销以及把产品送到最终购买者方面给企业以帮助的那些机构，包括：中间商、实体分配机构、营销服务机构（调研公司、广告公司、咨询公司等）、金融中间人（银行、信托公司、保险公司等）。这些都是市场营销不可缺少的中间环节，大多数企业的营销活动，都需要有他们的协助才能顺利进行。如生产集中和消费分散的矛盾，必须通过中间商的分销来解决；资金周转不灵，则需要求助于银行或信托公司等。商品经济越发达，社会分工越细，这些中介机构的作用越大。企业在营销过程中，必须处理好同这些中介机构的合作关系。

四、顾客

企业需要仔细地了解它的顾客市场。市场营销学通常按顾客及其购买目的的不同来划分市场，这样可具体深入地了解不同市场的特点，更好地贯彻以顾客为中心的经营思想。一般包括五种市场：消费者市场、生产者市场、中间商市场、政府市场和国际市场（详见第一章内容）。

五、竞争者

企业在经营过程中会面对许多竞争者。企业要想成功，就必须充分了解自己的竞争者，努力做到较其他竞争者更好地满足市场的需要。从购买者的角度来观察，每个企业在其营销活动中，都面临四种类型的竞争者：①愿望竞争者，指满足购买者当前存在的各种愿望的竞争者；②平行竞争者，是指能满足同一需要的各种产品的竞争，如满足交通工具的需要，可买汽车、两轮摩托车、三轮摩托车等，它们之间是平行的竞争者；③产品形式竞争者，指满足同一需要的同类产品不同形式间的竞争，如汽车有各种型号、式样，其功能各有不同特点；④品牌竞争者，指满足同一需要的同种形式产品的各种品牌之间的竞争，如汽车有“奔驰”“丰田”“福特”等牌子，这种品牌之间的竞争，即同行业者之间的竞争是要着重研究的。每个企业都应当充分了解：目标市场上谁是自己的竞争者；竞争者的策略是什么；自己同竞争者的力量对比如何；以及他们在市场上的竞争地位和反应类型等。在竞争中取胜的关键在于知己知彼，扬长避短，发挥优势。

但是，一个企业如果仅仅注意品牌竞争，仅仅致力于在一定的市场上争夺较大的占有率，而忽略了抓住有利时机开辟新的市场或防止其产品的衰退，那就犯了“营销近视症”。

六、公众

企业的营销环境还包括各种公众。公众是指对一个组织实现其目标的能力具有实际或潜在利害关系和影响力的一切团体和个人。企业所面临的公众包括以下七类。

1. 金融公众

指关心并可能影响企业获得资金的能力的团体。如银行、投资公司、证券交易所和保险公司等。

2. 媒体公众

主要是指报社、杂志社、广播电台和电视台等大众传播媒体。这些组织对企业的声誉具有举足轻重的作用。

3. 政府公众

指有关的政府部门。营销管理者在制订营销计划时必须充分考虑政府的政策。企业必须向律师咨询有关产品安全卫生、广告真实性、商人权利等方面可能出现的问题，以便同有关政府部门搞好关系。

4. 群众团体

指消费者组织、环境保护组织及其他群众团体。如，玩具公司可能遇到关心子女安全的家长对产品安全性的质询。20 世纪 60 年代以来国际上日益盛行的消费者保护运动，是不可忽视的力量。

5. 当地公众

指企业所在地附近的居民和社区组织。企业在它的营销活动中，要避免与周围公众利益发生冲突，应指派专人负责处理这方面的问题，同时还应注意对公益事业作出贡献。

6. 一般公众

指社会上的一般公众。企业需要了解一般公众对它的产品和活动的态度。企业形象，即在一般公众心目中的形象的好坏，对企业的经营和发展有重要意义，要力争在一般公众心目中树立良好的企业形象。

7. 内部公众

指企业内部的公众，包括董事会、经理、“白领”员工、“蓝领”员工等。近几年，许多公司提出了“内部营销”这一新概念，这是营销理论在企业内部的运用。内部营销观念强调企业内每一员工都有其内部供应者和内部客户，每一员工都要通过自身的努力与内部供应者搞好关系，协调运作；同时尽力满足内部客户的各种需要，共同实现企业的战略目标。大企业通常发行内部通信，对员工起沟通和激励作用，以加强内部交流，提高工作效率。内部公众的态度还会影响企业与外部公众的关系。

第二节　宏观环境分析

宏观环境因素，包括人口环境、经济环境、自然环境、科学技术环境、政治法律环境和社会文化环境六方面。

宏观环境因素是不可控制的因素，企业不可避免地受其影响和制约。宏观环境因素的变化给企业提供机会，同时也带来威胁。

一、人口环境

人口环境与市场营销的关系是十分密切的，因为人是市场的主体。人口环境包括人口的数量、密度、居住地点、年龄、性别、种族、民族和职业等情况。

目前人口环境主要动向是：世界人口迅速增长；发达国家的人口出生率下降，儿童减少；许多国家人口趋于老龄化；许多国家的家庭在变化；西方国家非家庭住户也在迅速增加；许多国家的人口流动性大（从农村流向城市、人口从城市流向郊区）；有些国家的人口由多民族构成。

二、经济环境

构成市场的因素除人口外，还有购买力。而社会购买力是受宏观经济环境制约的，是经济环境的反映。影响购买力的因素主要有消费者的收入、币值、消费者的储蓄和信用、消费者的支出模式等。

三、自然（资源）环境

（一）自然资源分类

地球上的自然资源分为三类：取之不尽、用之不竭的资源；有限但可以更新的资源；有限又不能更新的资源。

（二）主要环境动向

从20世纪60年代以来，西方国家的一些学者越来越多地关心工业发展对自然环境的影响。曾有人警告说，如果地球上的资源不能保持不断再生，则有一天地球将会像缺乏燃料的宇宙飞船一样危险。还有许多学者对工业污染、生态系统的失衡提出指责和警告。同时，出现了许多环境保护组织，促使一些国家加强了环境保护方面的立法和执法。这些对市场营销都是严重的挑战。

四、政治法律环境

这里所说的政治法律环境，主要是指与市场营销有关的各种法规以及有关的政府管理机构和社会团体的活动。第二次世界大战后西方国家的政治法律环境，正在愈来愈多地影响着市场营销，美国等许多西方国家的政府对经济的干预日益加强，经济立法日益增多。西方国家的经济立法以及对经济活动的宏观调控和管理方法，是在高度发达的市场经济的基础上产生和发展起来的，因而有许多是符合社会化大生产和市场经济发展的客观要求，从而也是符合社会进步利益的，对我国可资借鉴。

现代西方国家政法环境中对企业营销管理关系最密切的三种趋势是：管制企业的立法增多、政府机构执法更严和公众利益团体的力量增强。

五、社会文化环境

这里所说的文化主要是指一个国家、地区或民族的传统文化。如，风俗习惯、伦理道德观念、价值观念等。人们在不同的社会文化背景下成长和生活，各有其不同的基本观念和信仰，这是在不知不觉中形成的，成为一种行为规范。一个社会的核心文化和价值观念具有高度的持续性，它是人们世代沿袭下来的，并且不断得到丰富和发展，影响和制约着人们的行为，包括消费行为。企业的营销人员在产品和商标的设计、广告和服务的形式等方面，要充分考虑当地的传统文化，充分了解和尊重传统文化，在创新的时候也不要与核心文化和价值观念相抵触；否则，将受到不必要的损失。如藏族的生活方式和藏传佛教的宗教色彩联系紧密，牛是藏族的吉祥动物，在西藏地区的越野车辆市场中日本丰田越野车占据着绝对的市场份额，原因是其标识形似牛头，因此广受藏族人民的欢迎。

第七章　农畜产品市场调查

第一节　农畜产品市场调查的内涵

一、市场调查的含义

市场调查是指运用科学的方法，有目的、有系统地搜集、记录、整理有关市场营销信息和资料，分析市场情况，了解市场的现状及其发展趋势，为市场预测和营销决策提供客观、正确的资料。

二、农畜产品市场信息的分类及来源

农畜产品市场信息资料一般分为两类：一类为第一手资料，又称原始资料，是调查人员通过现场实地调查所收集的资料；另一类为第二手资料，是他人为某种目的而收集并经过整理的资料。第二手资料的来源包括：

①农畜产品经营企业内部资料，包括企业内部各有关部门的记录、统计表、报告、财务决算、用户来函等；

②政府机关的统计资料，如统计公报、统计资料汇编、农业年鉴等；

③公开出版的期刊、文献、报纸、杂志、书籍、研究报告等；

④农畜产品市场研究机构、广告公司等公布的资料；

⑤农畜产品行业协会公布的行业信息；

⑥农业展览会、展销会公开发送的资料；

⑦信息网络、供应商、分销商提供的信息资料。

三、农畜产品市场调查的内容

由于影响农畜产品经营企业营销的因素很多，所以市场调查的内

容非常广泛。凡是直接或间接影响农畜产品经营企业营销活动、与企业营销决策有关的因素都可能被纳入调查的范围。

（一）宏观环境发展状况

农畜产品经营企业是社会经济的细胞，是整个国民经济有机整体的组成部分。社会对农畜产品品种、规格、质量和数量等各方面的要求，是受整个社会总需求制约的。而社会总需求的动态是与国家的宏观环境直接相关的。

对宏观环境因素的调研，包括对经济环境、自然环境、人口环境、政治法律环境、技术环境、社会文化环境等的调研。

（二）农畜产品市场需求状况

农畜产品的市场需求是指在特定的地理区域、特定的时间、特定的营销环境中，特定的顾客愿意购买的总量，包括现实的需求量和潜在的需求量。因此，市场需求调查包括对消费者的特点进行调查，消费者不同，其需要的特点也不同；还包括对影响用户需要的各种因素进行调查，如购买力、购买动机等。

（三）农畜产品销售状况

调查内容包括以下四点。

①农畜产品经营企业现有产品所处的生命周期阶段及相应的产品策略、新产品开发情况、产品现阶段销售、成本、售后服务情况以及产品包装、品牌知名度等方面。

②消费者对农畜产品可接受的价格水平、对产品价格变动的反应、新产品的定价方法及市场反应、定价策略的运用等。

③农畜产品经营企业现有的销售力量是否适应需要、现有的销售渠道是否合理。

④目前农畜产品经营企业采用了哪些促销手段，广告销售效果、媒体选择、方案设计调查及相关促销方式调查。

（四）竞争状况

竞争状况包括行业竞争对手的数量、名称、经济实力、生产能力、产品特点、市场分布、销售策略、市场占有率及其竞争发展战略等。

第二节　农畜产品市场调查的步骤

对于农畜产品经营企业经营者来说，市场调查是最基础也是最根本的一个步骤。如果调查的方向和内容错了，将会给企业带来很大的损失。一个好的调查结果，有可能将一个濒临停产的产品拯救回来，并为企业创造收益。

一般来说，市场调查可分为四个阶段：调查前的准备阶段、正式调查阶段、综合分析资料阶段和提出调查报告阶段。

一、调查前的准备阶段

对农畜产品经营企业提供的资料进行初步的分析，找出问题存在的征兆，明确调查课题的关键和范围，选择最主要也是最需要的调查目标，制订出市场调查的方案。其主要包括：市场调查的内容、方法和步骤，调查计划的可行性、经费预算、调查时间等。

二、正式调查阶段

市场调查内容有多个方面，因农畜产品经营企业和情况而异，综合起来，分为以下四类。

（1）市场需求调查，即调查农畜产品经营企业产品在过去几年中的销售总额、现在市场的需求量及其影响因素，要重点进行购买力调查、购买动机调查和潜在需求调查，其核心是寻找市场经营机会。

（2）竞争者情况调查，包括竞争对手的基本情况、竞争对手的竞争能力、经营战略、新产品、新技术开发情况和售后服务情况。

（3）对农畜产品经营企业经营战略决策执行情况调查，如产品的价格、销售渠道、广告及推销方面情况、产品的商标及外包装情况、存在的问题及改进情况。

（4）政策法规情况调查，政府政策的变化，法律、法规的实施，都对农畜产品经营企业有重大影响。例如，税收政策、银行信用情况、能源交通情况、行业的限制等，都和农畜产品经营企业、产品关系重大，也是市场调查不可分割的一部分。

三、综合分析资料阶段

当统计分析研究和现场直接调查完成后，市场调查人员拥有大量的一手资料。对这些资料首先要编辑，选取一切有关的、重要的资料，剔除没有参考价值的资料。其次，对这些资料进行编组或分类，使之成为某种可供备用的形式。最后，把有关资料用适当的表格形式展示出来，以便说明问题或从中发现某种典型的模式。

四、提出调查报告阶段

经过对调查材料的综合分析整理，便可根据调查目的撰写出一份调查报告，得出调查结论。特别需要注意的是，调查人员不应当把调查报告看作市场调查的结束，而应继续注意市场情况变化，以检验调查结果的准确程度，并发现新的市场趋势，为改进以后的调查打好基础。

第三节　农畜产品市场调查的方法

一、二手资料的搜集方法

二手资料搜集方法又称案头调查法，是指调查人员通过查找、索取有关文献资料的方法搜集信息，具有花费少、不受时空限制、信息真实客观的优点。因此，市场调查人员为了节省时间、精力和成本，往往先从搜集二手信息资料开始。二手信息的搜集方法包括内部资料索取法、资料检索法和情报筛选法。其搜索渠道详见“农畜产品市场信息的分类及来源”。

二、一手资料的搜集方法

一手资料的搜集方法又称实地调查法或直接调查法，是指在周密的设计和组织下，由调查人员依照调查方案直接向被调查者搜集原始资料的调查方法。其具有针对性、实用性和真实性，而且由于信息来源可知、搜集方法可控、调查方法可选，所以信息资料更具可靠性、准确性和适应性。一手信息的搜集方法有观察法、实验法、访问法三种。

（一）观察法

观察法是指通过观察被调研者的活动从而获得一手资料的调研方法。观察法简便易行，灵活性强，观察结果客观真实，时效性强，可作为其他方法的补充。观察法的方法很多，包括：现场观察法（例如，在节假日到商场蔬菜和水果摊位上观看消费者购买情况，了解消费者的购买数量和频率）；实际痕迹观察法（例如，在商店内某些水果罐头产品货架上安装摄像机，记录顾客目光的移动过程，以弄清顾客如何浏览水果罐头的各种品牌）；比较观察法（例如，某果汁生产企业要了解何种包装的果汁对消费者最具吸引力，于是把需求比较大的玻璃瓶、塑料瓶和纸盒装的果汁放在同一商场内销售，以观察消费者的购买态度）。

（二）实验法

实验法是指从影响调研对象的若干因素中选出一个或几个作为实验因素，在其他因素均不发生变化的条件下，了解实验因素的变化对调研对象的影响过程。实验法方法科学，能排除主观性偏差，结果比较准确，能直接而真实地反映市场需求。

①无控制组前后对比实验，只是记录实验组前后的测量值，通过对比测量值，了解实验效果。

②有控制组的前后对比实验，是以实验单位的实验结果同控制组的情况进行比较而获取市场信息的一种实验调研方法。

③实验组同控制组前后对比实验。这种方法既可考察实验组的变动情况，又可考察控制组的变动结果，以消除外来因素的影响。

（三）访问法

访问法是调查人员直接向被调查者提出问题，以获得信息资料的搜集方法。访问法在实际应用中，按传递访问内容的方式以及调查者与被调查者接触的方式不同，分为面谈调查法、邮寄调查法、电话调查法及留置问卷调查法等。

第八章 农畜产品消费者行为分析

消费者市场与消费者的购买行为有着天然的联系，将消费者市场与消费者购买行为结合起来分析，对于市场营销者来说至关重要。

第一节 影响消费者购买的因素

影响消费者购买的因素很多，主要有以下四大方面。

一、心理因素

（一）需要与动机

消费者为什么购买某种产品，为什么对企业的营销刺激有着这样而不是那样的反应，在很大程度上是和消费者的购买动机密切联系在一起的。购买动机研究就是探究购买行为的原因，即寻求对购买行为的解释，以使企业营销人员更深刻地把握消费者行为，在此基础上作出有效的营销决策。

消费者的需要是指消费者生理和心理上的匮乏状态，即感到缺少些什么，从而想获得它们的状态。如饿的时候有进食的需要，渴的时候有喝水的需要。需要是和人的活动紧密联系在一起的。人们购买产品，接受服务，都是为了满足一定的需要。一种需要满足后，又会产生新的需要。因此，人的需要绝不会有被完全满足和终结的时候。当一种需要得到满足后，一种新的需要又同时产生了。

动机概念是由伍德沃斯（R. Wood-worth）于 1918 年率先引入心理学的。他把动机视为决定行为的内在动力。一般认为，动机是“引起个体活动，维持已引起的活动，并促使活动朝向某一目标进行的内在作用”。

人们从事任何活动都由一定动机所引起。引起动机有内外两类条件，内在条件是需要，外在条件是诱因。

（二）知觉

产品只有被消费者知觉才会对其行为产生影响。

消费者的知觉过程包括三个相互联系的阶段，即展露、注意和理解。

感觉是人脑对直接作用于感觉器官的客观事物个别属性的反映。个体通过眼、鼻、耳、舌等感觉器官对事物的外形、色彩、气味、粗糙程度等个别属性作出反映。人在感觉的基础上，形成知觉。所谓知觉，是人脑对刺激物各种属性和各个部分的整体反映，它是对感觉信息加工和解释的过程。

（三）学习

消费者的需要和行为绝大部分是后天学习得来的。通过学习，消费者获得了丰富的知识和经验，提高了对环境的适应能力。同时，在学习过程中，其行为也在不断地调整和改变。消费者的学习与记忆是紧密联系在一起的，没有记忆，学习是无法进行的。

对于学习如何分类，学术界迄今尚未形成共识。传统上，学习被划分为记忆学习、思维学习、技能学习和态度学习。从消费者行为分析角度，有两种分类方法是很有意义的。一是根据学习材料和消费者原有知识结构对学习分类，二是根据学习效果分类。

（四）消费态度

消费者态度对购买行为的影响一般而言，主要通过以下三个方面体现出来：

首先，消费者态度将影响其对产品、商标的判断与评价；其次，态度影响消费者的学习兴趣与学习效果；最后，态度通过影响消费者购买意向，进而影响购买行为。

二、个人因素

（一）个性

个性是个体在多种情境下表现出来的具有一致性的反应倾向，它对于消费者是否更容易受他人的影响，是否更倾向于采用创新性产品，是否对某些类型的信息更具有感受性等均有一定的预示作用。

（二）消费者的自我形象

自我概念是个体对自身一切的知觉、了解和感受的总和。每个人都会逐步形成关于自身的看法，如是丑是美、是胖是瘦、是能力一般还是能力出众等。自我概念回答的是“我是谁?”和“我是什么样的人?”一类问题。如我是学生，我是一名法律工作者等。

（三）消费者的生活方式

生活方式是指消费者如何生活。它是消费者在成长过程中，在与社会诸因素交互作用下表现出来的活动、兴趣和态度模式，是一个人在成长过程中综合形成的一种反映。

（四）职业影响

消费行为受到个人的职业影响，不同的职业会形成不同的消费观念，在消费支出的结构上会有所不同，如知识分子阶层用于文化商品和名牌商品的支出相对用于其他商品的支出要大一些。

（五）个人业绩

当一个人的个人业绩越好，其社会地位就越高，就得到社会更多的推崇，进而影响他的消费。如高尔夫球等名人消费。

（六）个人拥有的财富

个人拥有财富的多寡、财富的性质决定和反映了一个人的社会地位。当然，从不同的角度对财富有不同的理解，它不仅包括财产与金融、存款等财富，同时还包括受过何种教育、在哪里生活等社会公认的另一种体现身份的“软性”的财物。名牌大学文凭、豪宅、时尚服饰，无疑是显示身份和地位的标记。

（七）价值取向

简单地说是一个人的价值观，即对某一事物形成的看法。

（八）阶层意识

阶层意识是指某一社会阶层的人，意识到自己属于一个具有共同的政治和经济利益的独特群体的程度。处于社会较低阶层的个体会意识到，星级宾馆是上层社会成员出入的地方。但对于社会高阶层的人士，则认为：星级宾馆不过是设施和服务更好、收费更高的“旅店”而已。

三、文化因素

（一）个人文化水平

一般认为，文化应有广义与狭义之分。广义文化是指人类创造的一切物质财富和精神财富的总和；狭义文化是指人类精神活动所创造的成果，如哲学、宗教、科学、艺术、道德等。

（二）亚文化

所谓亚文化，是指某一文化群体所属次级群体的成员共有的独特信念、价值观和生活习惯。具体来说，是指人们在生活环境中，受到生活习惯、宗教及生活作风的另一种教育，包括以下几个方面：民族亚文化、种族亚文化、宗教亚文化、地理亚文化等。

（三）社会阶层

消费者均处于一定的社会阶层。同一阶层的消费者在行为、态度和价值观等方面具有同质性，不同阶层的消费者在这些方面存在较大的差异。因此，研究社会阶层对于深入了解消费者行为具有特别重要的意义。

四、社会群体因素

消费者的很多行为受到群体及其规范的影响。最主要的如下。

（一）与消费者密切相关的社会群体

1. 家庭

人的一生，大部分时间是在家庭里度过。家庭成员之间的频繁互动使其对个体行为的影响广泛而深远。个体的价值观、信念、态度和言谈举止无不打上家庭影响的烙印。不仅如此，家庭还是一个购买决策单位，家庭购买决策既制约和影响家庭成员的购买行为，反过来家庭成员又对家庭购买决策施加影响。

2. 朋友

朋友构成的群体是一种非正式群体，它对消费者的影响仅次于家庭。追求和维持与朋友的友谊，对大多数人来说是非常重要的。个体可以从朋友那里获得友谊、安全。

3. 正式的社会群体与工作群体

如某某协会、某某团体或某某单位等社会群体。虽然正式群体内各成员不像家庭成员和朋友那么亲密，但彼此之间也有讨论和交流的机会。群体内那些受尊敬和仰慕的成员的消费行为，可能会被其他成员谈论或模仿。

4. 购物群体

为了消磨时间或为了购买某一具体的产品而一起上街的几位消费者，就构成了一个购物群体。通常一个经常性的朋友圈子会自发地形成一个相互影响的小团体。

（二）参照群体

参照群体是指个体在形成其购买或消费决策时，用以作为参照、比较的个人或群体。如青少年在购买服饰上通常以影视明星、体育明星作为参照。

第二节　消费者购买行为类型

消费者的购买行为有多种类型，可从不同角度划分。

一、根据消费者行为的复杂程度和所购商品本身的差异划分

1. 复杂型

消费者初次购买差异性很大的耐用消费品时发生的购买行为。购买这类商品时，通常要经过一个认真考虑的过程，要广泛收集各种有关信息，对可供选择的品牌反复评估，在此基础上建立起品牌信念，形成对各个品牌的态度，最后慎重地做出购买选择。

2. 和谐型

消费者购买差异性不大的商品时发生的一种购买行为。由于商品本身的差别不明显，消费者一般不必花费很多时间去收集并评估不同品牌的各种信息，而主要关心的是价格是否优惠，购买时间地点是否便利等。因此，和谐型购买行为从引起需要和动机到决定购买所用的时间较短。

3. 习惯型

这是一种简单的购买行为，一种常规反应行为。消费者已熟知商品特性和各主要品牌特点，并已形成品牌偏好，因此不需要寻找、收集有关信息。

4. 多变型

这是为了使消费多样化而常常变换品牌的一种购买行为，一般是指购买牌号差别虽大但较容易选择的商品，如罐头食品等。同上述习惯型一样，这也是一种简单的购买行为。

二、根据消费者性格分析划分

1. 习惯型

忠于某一种或某几种品牌，有固定的消费习惯和偏好，购买时心中有数，目标明确。

2. 理智型

做出购买决策之前经过仔细比较和考虑，胸有成竹，不容易被打动，不轻率做出决定，决定后也不轻易反悔。

3. 冲动型

易受产品外观、广告宣传或相关人员的影响，决定轻率，易于动摇和反悔。这是促销过程中可大力争取的对象。

4. 经济型

特别重视价格，一心寻求最经济合算的商品，并由此得到心理上的满足。促销中要使之相信，他所选的商品是最物美价廉的、最合算的，要称赞他是很内行、很善于选购的顾客。

5. 情感型

对产品的象征意义特别重视，联想力较强。如我国有些地方的消费者春节期间特别喜欢购买发菜，就是取其“发财”的谐音。

6. 不定型

年轻的、新近才开始独立购物的消费者，易于接受新的东西，消费习惯和消费心理正在形成之中，尚不稳定，缺乏主见，没有固定偏好。

营销者应了解自己目标市场的消费者行为属于哪种类型，然后有针对性地开展促销活动。

第三节 消费者的购买决策

一、消费者购买决策的参与者

人们在一项购买决策过程中可能充当以下角色。

1. 发起者

首先想到或提议购买某种产品或劳务的人。

2. 影响者

其看法或意见对最终决策具有直接或间接影响的人。

3. 决定者

能够对买不买、买什么、买多少、何时买、何处买等问题做出全部或部分的最后决定的人。

4. 购买者

实际采购的人。

5. 使用者

直接消费或使用所购商品或劳务的人。

二、消费者购买的决策过程

通常的购买决策过程包括以下几个方面内容。

（一）认识需求

认识需求是消费者购买决策过程的起点。当消费者在现实生活中感觉到或意识到实际情况与其需求之间有一定差距、并产生了对这一问题的兴趣时，购买的决策便开始了。消费者的这种兴趣与实际需求的产生，既可以是人体内机能的感受所引发的，如心理需求、身体机能需求、生活需求等。比如，因饥饿而引发购买食品、因口渴而引发购买饮料。还可以是由外部条件刺激所诱生的。比如，看见电视中的足球广告，而打算去看一场精彩的球赛；路过水果店看到新鲜的水果而决定购买水果等。第三种情况是，消费者的某种需求是内、外因同时起作用的结果。上述三种情况产生了购买的欲望——动机。

（二）收集信息

当消费者产生了购买动机之后，便会开始进行与购买动机相关联的活动。如果他想要购买的物品，按需求分析满足购买条件并就在附近，他便会实施购买活动，从而满足需求。但是当所需购买的物品不易购到，或者说需求不能马上得到满足时，他便会把这种需求存入记忆中，并注意收集与需求相关和密切联系的信息，以便进行决策。

（三）选择判断

当消费者从不同的渠道获取到有关信息后，消费者接着会对可供选择的品牌进行分析和比较，并对各种品牌的产品作出评价与判断，最后决定是否购买。

（四）购买决定

通过以上的活动，一般情况下会较好地进行购买，但真正将购买意向转为购买行动，其间还会受到两个方面的影响。

1. 他人的态度

消费者的购买意图会因他人的态度而增强或减弱。他人的态度对消费者意图影响的强度，取决于他人态度的强弱及他与消费者的关系。一般说来，他人的态度越强、他与消费者的关系越密切，其影响就越大。例如，丈夫想买大屏幕的彩色电视机，而妻子坚决反对，丈夫就极有可能改变或放弃购买意图。

2. 意外的情况

消费者购买意向的形成，总是与预期收入、预期价格和期望从产品中得到的好处等因素密切相关的。但是当他欲采取购买行动时，发生了一些意外的情况，例如，因失业而收入减少，因产品涨价而无力购买，或者有其他更需要购买的东西等，这一切都将会使他改变或放弃原有的购买意图。

（五）购后行动

产品在被购买之后，就进入了售后阶段。此时，生产企业与市场营销人员的工作并没有结束，真正的企业服务应该说才刚刚开始。这一开始是该企业与该消费者建立真正意义上的利益共同体，该消费者既是这一企业的上帝，同时又是下一个产品的间接用户与宣传者和消费影响者。

第九章　农畜产品市场细分与目标市场

第一节　市场细分

一、市场细分的含义和作用

（一）市场细分的含义

市场细分也称市场分化，是指营销者通过市场调研，依据消费者的需要和欲望、购买行为和购买习惯等方面的差异，把某一产品的市场整体划分为两个或两个以上的消费者群体的过程。

每一个消费者群体就是一个细分市场，每一个细分市场都是具有类似需求倾向的消费者构成的群体。例如化妆品市场，可按顾客的性别分为男士化妆品市场、女士化妆品市场。

（二）市场细分的作用

市场细分对企业市场营销的影响和作用很大，具体表现在以下几个方面。

①有助于企业深刻地认识市场和寻找市场机会。

②有利于企业确定经营方向，有针对性地开展营销活动。

③有利于研究潜在需要，开发新产品。

④有利于中小企业开拓市场，在大企业的夹缝中求生存。

⑤有利于企业合理配置和运用资源。

⑥轻易取得反馈信息，便于调整营销策略。

二、市场细分的标准

一个整体市场之所以能细分为若干子市场，主要是由于顾客需求存在着差异性，人们可以运用影响顾客需求和欲望的某些因素作为细分的标准，对市场进行细分。而市场包括消费者市场和生产者市场。

（一）消费者市场细分的标准

1. 地理标准

这是指企业根据消费者国界、气候、地形、人口密度、区域、城乡、交通条件等来细分消费者市场。

2. 人文标准

这是指企业按照人口的国籍、宗教、性别、种族、职业、年龄、收入、教育等来细分消费者市场。

3. 心理标准

这是指企业按照消费者的生活方式、个性等心理变数来细分消费者市场。

4. 购买行为

这是指企业按照消费者的不同购买行为（追求利益、使用者地位、购买频率、使用频率、品牌商标忠诚度、对渠道的信赖度、对价格、广告、服务的敏感度）来细分消费者市场。

（二）生产者市场细分的标准

1. 用户地理位置

这是企业按照用户的国界、气候、资源、生产力布局、城市规模、自然环境、区域、城乡、交通条件等来细分消费者市场。

2. 用户行业

这是企业按照用户所处的行业（机械、纺织、化工、服装、军工、航空、煤炭）来细分消费者市场。

3. 用户规模

这是企业按照用户的规模大小（大型企业、中型企业、小型企业、大用户、小用户）来细分消费者市场。

4. 购买行为

这是企业按照用户的购买因素（追求利益、使用者地位、购买频率、购买周期、使用频率、品牌商标忠诚度、对渠道的信赖度、对价格、广告、服务的敏感度）来细分消费者市场。

三、市场细分的方法

（一）单一标准法

就是根据影响消费者需求的某一个重要因素进行市场细分。如服装企业，按年龄细分市场，可分为童装、少年装、青年装、中年装、中老年装、老年装；或按气候的不同，可分为春装、夏装、秋装、冬装。

（二）个变量因素组合法

就是根据影响消费者需求的两种或两种以上的因素进行市场细分。如生产者市场锅炉生产厂，主要根据企业规模的大小、用户的地理位置、产品的最终用途及潜在市场规模来细分市场。

（三）列变量因素法

根据企业经营的特点并按照影响消费者需求的诸因素，由粗到细地进行市场细分。这种方法可使目标市场更加明确而具体，有利于企业更好地制定相应的市场营销策略。如自行车市场，可按地理位置（城市、农村、山区）、性别（男、女）、年龄（儿童、青年、中年、中老年）、收入（高、中、低）、职业（工人、农民、学生、职员）、购买动机（求新、求美、求价廉物美、求坚实耐用）等变量因素细分市场。

四、市场细分的程序

（一）选定产品市场范围

即确定进入什么行业，生产什么产品。产品市场范围应以顾客的需求，而不是产品本身特性来确定。例如，某一房地产公司打算在乡间建造一幢简朴的住宅，若只考虑产品特征，该公司可能认为这幢住宅的出租对象是低收入顾客，但从市场需求角度看，高收入者也可能是这幢住宅的潜在顾客。因为高收入者在住腻了高楼大厦之后，恰恰可能向往乡间的清静，从而可能成为这种住宅的顾客。

（二）列举潜在顾客的基本需求

比如，公司可以通过调查，了解潜在消费者对前述住宅的基本需求。这些需求可能包括：遮风避雨，安全、方便、宁静，设计合理，室内陈设完备，工程质量好等。

（三）了解不同潜在用户的不同要求

对于列举出来的基本需求，不同顾客强调的侧重点可能会存在差异。比如，经济、安全、遮风避雨是所有顾客共同强调的，但有的用户可能特别重视生活的方便，另外一类用户则对环境的安静、内部装修等有很高的要求。通过这种差异比较，不同的顾客群体即可初步被识别出来。

（四）抽掉潜在顾客的共同要求

而以特殊需求作为细分标准。上述所列购房的共同要求固然重要，但不能作为市场细分的基础。如遮风避雨、安全是每位用户的要求，就不能作为细分市场的标准，因而应该剔除。

（五）根据潜在顾客基本需求上的差异方面

将其划分为不同的群体或子市场，并赋予每一子市场一定的名称。例如，西方房地产公司常把购房的顾客分为好动者、老成者、新婚者、度假者等多个子市场，并据此采用不同的营销策略。

（六）进一步分析每一细分市场需求与购买行为特点

并分析其原因，以便在此基础上决定是否可以对这些细分出来的市场进行合并，或作进一步细分。

第二节　目标市场选择

一、目标市场的含义

目标市场就是企业决定要进入的市场，是企业在市场细分的基础上，根据市场潜力、竞争对手状况、企业自身特点所选定和进入的市场。企业在对整体市场进行细分之后，要对各细分市场进行评估，然后根据细分市场的市场潜力、竞争状况、本企业资源条件等多种因素决定把哪一个或哪几个细分市场作为目标市场。

二、目标市场策略

对于不同的目标市场，企业应采取不同的营销策略。概括来说，有以下三种策略。

（一）无差异性策略

无差异性策略是指企业在市场细分之后，不考虑各子市场的特性差异，而只注重各子市场需求方面的共性，把所有子市场即产品整体市场看作为一个大的目标市场，设计一种产品并制定单一的市场营销组合，力求在一定程度上适应尽可能多的顾客需求。实行无差异性营销战略的优点如下。

①生产单一产品，可以减少生产与储运成本。

②无差异的广告宣传和其他促销活动可以节省促销费用。

③不搞市场细分，可以减少企业在市场调研、产品开发、制定各种营销组合方案等方面的营销投入。这种策略对于需求广泛、市场同质性高且能大量生产、大量销售的产品比较合适。

（二）差异性策略

差异性策略是指企业将整体市场细分后，选择两个或两个以上甚至所有的细分市场作为目标市场，并根据不同的细分市场的需求特点，采取不同的营销组合策略，有针对性地满足不同细分市场顾客的需求。

差异性市场策略可分为以下几种。

1. 完全差异性市场策略

即企业将整体市场细分后的所有细分市场都作为目标市场，并为各目标市场生产和提供不同的产品，分别满足不同目标顾客的需求。

2. 专业化市场策略

即企业为一个目标市场提供多种产品，满足这一目标市场顾客群体的不同需要。

3. 专业产品策略

即企业以对同类产品有需求的不同细分市场作为目标市场，为不同的目标市场提供同类产品。

4. 选择性专业化策略（或散点式专业化策略）

企业选取有利的细分市场作为目标市场，并为各个目标市场提供不同的产品，实行不同的营销组合策略。

差异性策略的优点在于可以通过不同的市场营销组合服务于不同子市场，更好地满足不同顾客群的需要。同时企业的产品种类如果同时在几个子市场都具有优势，就会大大增强消费者对企业的信任感，进而提高重复购买率，从而争取到更多的品牌铁杆忠诚者。

差异性策略的主要缺点体现在它增加营销成本，同时可能使企业的资源配置不能有效集中，顾此失彼，甚至在企业内部出现彼此争夺资源的现象，使拳头产品难以形成优势。

（三）集中性市场策略

集中性市场策略又称为产品—市场专业化策略，是指企业只选择一个或少数几个性质相似的细分市场作为目标市场，开发一种理想产品，实行高度专业化生产与营销，试图在较少的子市场上占有较大的市场占有率。

1. 集中性市场策略的优点

在于它特别适用于那些资源有限的中小企业，或初次进入新市场的大企业。由于服务对象较集中、实行生产和市场营销的专业化，可以较容易地在这一特定市场取得支配性地位。同时由于生产与市场营销的专业化，再加上子市场选择得当，因此可大大节省成本支出，使企业获得较高的投资收益率。

2. 集中性市场策略的缺点

在实施过程中遇到的最大问题是潜伏着很大的风险性。因为该策略把企业生存、发展的希望全部集中在一个或几个特定市场上，一旦这目标市场情况剧变，如顾客需要和偏好发生突变或者出现了更强有力的竞争对手，就可使企业陷入毫无回旋余地的困境，甚至会面临全军覆没的危险。

三、影响目标市场策略选择的因素

（一）市场类似性

若顾客的需求、爱好、购买行为大致相似，对产品供应和销售要求的差别不大，也即市场需求类似程度很高时，宜采用无差异性市场策略，反之则采用差异性市场策略或集中性市场策略。

（二）产品的同质性

同质性产品如火柴、普通水泥、标准件等，宜采用无差异性市场策略，一些差异性较大的产品如家具、服装、食品、家用电器、汽车等，宜采用差异性市场策略或集中性市场策略。

（三）企业实力

如果企业的生产、技术、资源等实力很强，有能力覆盖所有的市场面，则采用无差异性市场策略或差异性市场策略。若实力有限，则采用集中性市场策略。

（四）产品生命期

通常产品在投入期时，宜采用无差异性市场策略，以探测市场与潜在顾客的需求，也可以采用集中性市场策略，集中力量在某个细分市场上。当产品进入成长期和成熟期时，则宜采用差异性市场策略，以开拓新的市场，不断刺激新的需求，延长产品的生命周期。

（五）竞争者的市场策略

假如竞争者采用无差异性市场策略，则应采用差异性市场策略与之抗争；如果竞争者已经采用了差异性市场策略，企业则应在进一步细分的基础上，采用差异性市场策略或集中性市场策略。

第十章 农畜产品产品策略

第一节 产品生命周期

一、产品生命周期的概念

产品生命周期的含义：产品在完成研制以后，从投入市场开始到被市场淘汰为止所经历的时间。

产品生命周期：产品生命周期一般以产品销量和利润的变化为标志，分为四个阶段：投入期、成长期、成熟期、衰退期。

二、产品生命周期各阶段的营销策略

（一）投入期营销策略

这一阶段新产品刚投入市场销售，由于销售量少而且销售费用高，企业往往无利可图或者获利甚微，企业营销重点主要集中在“促销—价格”策略方面。

1. 快速撇取策略

以“高价格—高促销水平”策略推出新产品，迅速扩大销售量来加速对市场的渗透，以图在竞争者还没有反应过来时，先声夺人，把本钱挣回来。“健妮健身鞋”就是采取这一策略。

采用这一策略的市场条件是：绝大部分的消费者还没有意识到该产品的潜在市场，顾客了解该产品后愿意支付高价，产品十分新颖，具有老产品所不具备的特色，企业面临着潜在的竞争。

2. 缓慢撇取策略

以“高价格—低促销费用”策略推出新产品，高价可以迅速收回成本撇取最大利润，低促销费用又是减少营销成本的保证。高档进口

化妆品大都采取这样的策略。采用这一策略的市场条件是：市场规模有限，消费者大多已知晓这种产品，购买者愿意支付高价，市场竞争威胁不大。

3. 快速渗透策略

即以“低价格—高促销费用”策略，花费大量的广告费，以低价格争取更多消费者的认可，获取最大的市场份额。采取这一策略的市场条件是：市场规模大，消费者对该产品知晓甚少，大多数购买者对价格敏感，竞争对手多，且市场竞争激烈。

4. 缓慢渗透策略

即以“低价格—低促销费用”策略降低营销成本，并有效地阻止竞争对手介入。采取这一策略的市场条件是：市场容量大，市场上该产品的知名度较高，市场对该产品价格相对敏感，有相当多的竞争对手。

（二）成长期的营销策略

成长期的主要标志是销售迅速增长。这是因为，已有越来越多的消费者喜欢这种产品，大批量生产能力已形成，分销渠道也已疏通，新的竞争者开始进入，但还未形成有力的对手。在这一阶段企业营销应尽力发展销售能力，紧紧把握取得较大成就的机会。

1. 改进产品质量和增加产品的特色、款式等

在产品成长期，企业要对产品的质量、性能、式样、包装等方面努力加以改进，以对抗竞争产品。

2. 开辟新市场

通过市场细分寻找新的目标市场，以扩大销售额。在新市场要着力建立新的分销网络，扩大销售网点，并建立好经销制度。

3. 改变广告内容

随着产品市场逐步被打开，该类产品已被市场接受，同类产品的各种品牌都开始走俏。此时，企业广告的侧重点要突出品牌，力争把上升的市场需求集中到本企业的品牌上来。

4. 适当降价

在扩大生产规模、降低生产成本的基础上，选择适当时机降价，适应多数消费者的承受能力，并限制竞争者加入。

（三）成熟期的营销策略

成熟期的主要特征是“二大一长”，即在这一阶段产品生产量大、销售量大，阶段持续时间长。成熟期市场竞争异常激烈，为此，企业总的营销策略要防止消极防御，而要采取积极进攻的策略。

1. 市场改进策略

通过扩大顾客队伍和提高单个顾客使用率，来提高销售量。例如，强生婴儿润肤露是专为婴儿设计的，而如今“宝宝用好，您用也好”的宣传，使该产品的目标市场扩展到了成年人，从而扩大了目标市场范围，进入了新的细分市场。

2. 产品改进策略

通过改进现行产品的特性，以吸引新用户或增加新用户使用量。如吉列剃须刀从“安全剃须刀”“不锈钢剃须刀”到“双层剃须刀”“三层剃须刀”，不断改进产品，使其生命周期得以不断延长。

3. 营销组合改进策略

通过改变营销组织中各要素的先后次序和轻重缓急，来延长产品成熟期。

4. 衰退期的营销策略

产品进入衰退期，销售量每况愈下，消费者已在期待新产品的出现或已转向。有些竞争者已退出市场，留下来的企业可能会减少产品的附带服务。企业经常调低价格，处理存货，不仅利润下降，而且有损于企业声誉。衰退期的营销策略有以下两种。

（1）收缩策略

即把企业的资源集中使用在最有利的细分市场、最有效的销售渠道和最易销售的品种上，力争在最有利的局部市场赢得尽可能多的利润。

（2）榨取策略

大幅度降低销售费用，同时降低价格，以尽可能增加眼前利润。

这是由于再继续经营市场下降趋势已明确的产品，大多得不偿失；而且不下决心淘汰疲软产品，还会延误寻找替代产品的工作，使产品组合失去平衡，削弱了企业在未来的根基。

三、延长产品市场生命周期的方法

1. 加大促销力度，促使消费者增加使用频率，扩大购买力。如加强广告宣传，开展优质服务。

2. 对产品进行改进。改进现有产品的质量、性能、包装等，提高产品的可靠性。

3. 开拓新市场，寻找潜在需求，拓展顾客群。适时地开拓新市场，争取更多的购买者，可增加销售。

4. 开拓产品新的使用领域。争取新顾客，扩大产品的销售量。

第二节　产品组合策略

一、产品组合及其相关概念

产品组合是指一个企业生产经营的全部产品之间质的组合和量的比例。产品组合由全部产品线和产品项目构成。

（一）产品线

产品线指密切相关的满足同类需求的一组产品。一个企业可以生产经营一条或几条不同的产品线。

（二）产品项目

按产品目录中列出的每一个明确的产品单位，一种型号、品种、尺寸、价格、外观等产品就是一个产品项目。

（三）产品组合的四个要素

（1）产品组合的宽度是指该公司具有多少条不同的产品线。

（2）产品组合的长度是指它的产品组合中的产品品目总数。

（3）产品组合的深度是指产品线中的每一产品有多少品种规格。

（4）产品组合的相容度是指各条产品线在最终用途、生产条件、分销渠道或者其他方面相互关联的程度。

二、产品组合策略

（一）扩展策略

扩展策略包括扩展产品组合的宽度和长度。前者是在原产品组合中增加一条或几条产品线，扩大企业的经营范围；后者是在原有产品线内增加新的产品项目，发展系列产品。

（二）缩减策略

缩减策略是企业从产品组合中剔除那些获利小的产品线或产品项目，集中经营那些获利最多的产品线和产品项目。缩减策略可使企业集中精力对少数产品改进品质，降低成本，删除得不偿失的产品，提高经济效益。当然，企业失去了部分市场，也会增加企业的风险。

（三）产品延伸策略

每一个企业的产品都有其特定的市场定位，如我国的轿车市场，“别克”“奥迪”“帕萨特”等定位于中高档汽车市场，“桑塔纳”定位于中档市场，“夏利”“奥拓”等则定位于低档市场。产品延伸策略是指全部或部分地改变公司原有产品的市场定位。具体做法有向下延伸、向上延伸、双向延伸。

1. 向下延伸

向下延伸是企业原来生产高档产品，以后增加低档产品。向下延伸策略的采取主要是因为高档产品在市场上受到竞争者的威胁，本企业产品在该市场的销售增长速度趋于缓慢，企业向下延伸寻找新的经济增长点。同时，某些企业也出于填补产品线的空缺，防止新的竞争者加入的考虑，也实施这一策略。

向下延伸策略的优势是显而易见的，即可以节约新品牌的推广费用，又可以使新产品搭乘原品牌的声誉便车，很快得到消费者承认。同时，企业又可以充分利用各项资源。

2. 向上延伸

向上延伸指企业原来生产低档产品，后来决定增加高档产品。企业采取这一策略的原因是：市场对高档产品需求增加，高档产品销路广，利润丰；欲使自己生产经营的产品档次更全、占领更多市场；提高产品的市场形象。

向上延伸也有可能带来风险：一是可能引起原来生产高档产品的竞争者采取向下延伸策略，从而增加自己的竞争压力。二是市场可能对该企业生产高档产品的能力缺乏信任。三是原来的生产、销售等环节没有这方面足够的技能和经验。

3. 双向延伸

原来生产经营中档产品，现在同时向高档和低档产品延伸，一方面增加高档产品，另一方面增加低档产品，扩大市场阵地。

第十一章　农畜产品定价策略

农畜产品定价是影响市场需求和购买行为的重要因素之一，也直接关系到农畜产品生产经营者的收益水平。农畜产品价格制定得恰当，会促进农畜产品的销售，提高农畜产品生产经营者的盈利，反之，会制约需求，降低收益。因此，农畜产品定价是农畜产品市场营销活动的重要组成部分。

第一节　农畜产品定价目标和程序

一、农畜产品定价目标

农畜产品定价目标是农畜产品生产经营目的的具体化和数量化，它是确定定价策略和定价方法的重要依据。农畜产品的定价目标主要有以下几种。

（一）以追求利润最大化为定价目标

利润最大化是指生产经营者在一定时期内可能获得的最高盈利总额。需要注意的是，利润最大化，是指一定时期内利润总额的最大化，而不是单位产品的利润最大化，因此通过定价追求利润最大化，并不等于制定最高价格。许多经营者喜欢制定高价来快速取得市场利润，但这应该是在经营者推出新产品的时候，而且应该是一个让消费者感到物有所值的价格。当市场竞争激烈，产品销售量下降时，应该及时降低产品价格以吸引更多的消费者，薄利多销使盈利总额增加。

这种定价目标是从静态的角度给产品定价，它忽视了影响价格的其他因素和竞争者的反应。因此，只有农畜产品在市场竞争中处于有利地位时，才是切实可行的。

（二）维持或提高市场占有率为定价目标

市场占有率是营销者生产经营状况和产品竞争力状况的综合反

映，在很大程度上决定着生产经营者的命运。因此，维持或提高市场占有率通常是营销者普遍采用的定价目标。为了维持或提高市场占有率，需要生产经营者在较长时间内维持较低的价格，应付竞争对手的进攻，保持其农畜产品的销售量和销售额稳步增长。实践也证明，伴随着高市场占有率的往往是高利润。因此，扩大市场占有率比单纯追求利润最大化更具有长远意义。

（三）以适应竞争为定价目标

在市场竞争中，经营者给自己的产品制定价格时，对于竞争者的价格一般都十分敏感，无外乎采用高于、低于或等同于竞争对手的价格的策略。究竟采用哪一种价格，往往取决于经营者的条件。当经营者实力较弱时，应该制定与竞争对手相同或低于竞争者的价格；如果经营者实力较强，又想扩大市场份额时，宜制定低于竞争者的价格；那些实力雄厚，在市场上具有明显竞争优势的经营者，则应该制定高于竞争者的价格。

（四）以稳定价格为定价目标

在市场竞争和农畜产品供求关系比较正常的情况下，为了避免不必要的价格竞争，保持生产的稳定，常常采用以稳定价格为目标的定价策略，这类经营者一般在本行业中占有举足轻重的地位，左右着市场价格，其他经营者往往采取跟随策略。

（五）以维持生存为定价目标

采用这一定价目标，通常是经营者处于不利的市场环境中而实行的一种缓兵之计，只能作为短期目标。这时利润对他来说就不显得十分重要了。经营者会通过降低价格来保持一定的销售量，只要产品价格能弥补变动成本和部分固定成本，经营者就可以维持生存。一旦市场环境好转，它将被其他目标所取代。

（六）以树立产品形象为定价目标

产品在消费者心目中的形象，构成了生产经营者的无形资产，以此为定价目标，可收到意想不到的效果。实现这一目标，需要综合运用多种营销策略与价格策略相配合，不仅使价格水平与消费者对价格的预期彼此相符，而且力求使这一信息得以广泛传播，如绿色食品、保健食品等优质农畜产品，宜实行较高价格，树立高品质市场形象。

二、农畜产品定价程序

在选择了合适的定价目标后，要综合考虑各种因素，对农畜产品市场需求、成本、市场竞争状况进行测定，最后运用科学的方法确定产品价格。

(一) 测定市场对该产品的需求状况

供不应求的产品，定价可以稍高些；供需正常者，定价可以稍低，以吸引需求，提高市场占有率。测定市场需求，首先要进行深入细致的市场调查，正确估计价格变动对销售量的影响程度，从而为后续定价的顺利进行提供依据。

(二) 测算成本

在农畜产品的价格构成中，成本所占比重最大，是定价的基础。要根据成本类型，全面分析不同生产条件下生产成本变化情况，估算不同营销组合下的农畜产品成本，以此作为定价的重要依据。

(三) 分析竞争者的产品与价格

预测竞争者的反应对竞争者产品与价格的分析，可通过了解消费者对其产品与价格的态度来实现。并重点调查分析市场上同一产品竞争者可能做出的反应，以及替代产品的生产等情况。

(四) 确定预期市场占有率

产品的生产占有率状况，影响着定价的方法和策略的选择。因此，在定价之前，必须通过调查研究，确定本企业产品的市场占有率，并根据自己的实力大小，选择价格策略。

(五) 选择定价方法，确定最终价格

进行完上述工作后，产品价格的大致区间就基本上可以确定下来了。产品的成本是价格的最低限，消费者的需求和竞争者的价格决定着产品的上限，然后，参考市场环境中的其他因素，如国家的政策法规，消费者心理的影响等，选择合适的定价方法，确定出最终价格。

第二节 影响农畜产品定价的因素

为产品制定一个既能为消费者所接受，又符合经营者利益的价格，不是一件容易的事。只有站在整体的角度，考虑各方面因素，才能制定出具有一定市场竞争力，为各方所接受的价格。

一、产品成本

产品成本是指生产经营者为某产品所投入和耗费的费用总和。它是构成产品价格与价值的主要组成部分，所以产品成本是价格制定的下限，除非处于非常恶劣的价格竞争或其他特殊情况下，一般定价是不会跌破成本的。只有清楚地了解产品成本结构，定价时才能胸有成竹。

产品成本包括变动成本和固定成本之和，具体可分为：生产成本、储运成本和销售成本三部分。

二、市场供求关系

市场供求状态是引起产品价格变化的外在主要因素。一般认为，价格与供给量成正比关系，价格越高，供给量越大；反之，价格越低，供给量越小。价格与需求量成反比关系，价格越低，需求量越大；价格越高，需求量越小。

农畜产品市场供求与价格的关系同样遵循一般产品市场的规律，当市场上供大于求时，农畜产品价格就趋于下降；当市场上出现供不应求的状况时，农畜产品的价格就自然会上升。这在蔬菜、水果上表现得尤为明显。

三、需求价格弹性

所谓需求的价格弹性是指单位价格的变化引起的需求量的变化程度。需求量受价格变化影响大的，叫作需求价格弹性大，又称为富有弹性；反之则叫作需求价格弹性小，或称为缺乏弹性。产品需求价格弹性的大小，可以通过价格弹性系数来表示，即：

需求弹性系数=需求量变动百分比/价格变动百分比

例如，某种商品价格增加了10%，需求量相应地减少了5%，则这种商品的需求弹性为-0.5，负号只表示需求量与价格的变动方向相反。因此，通常将负号省去，只取正值。需求弹性系数非常有用，它能告诉我们市场需求量对价格变化的敏感程度，是制定和调整价格的重要依据。需求弹性系数一般有以下几种情况：

一是需求弹性系数等于0，表示不管价格如何变化，需求量都不会发生任何变化。如贵重药材，因为其稀缺性和不可替代的治疗作用，如果人生了病，无论价格多高也要买，如果没有病，降价也没人要。此类产品的价格一般都定得比较高。

二是需求弹性系数等于1，表示价格变化百分比是多少，需求量变化的百分比也是多少。这类产品价格无论如何变化都不会影响盈利，比较稳定。

三是需求弹性系数小于1，表示需求量对价格的变化比较迟钝，提高价格对需求量影响不是很大，例如生活必需品，人们不会因为降价而增加消费，也不会因为提价而减少消费。此类产品宜采取提价措施增加收入。

四是需求弹性系数大于1，表示价格变化对需求量的影响较大。价格发生较小的变化，就会引起需求量较大的变化。这类产品主要是高档消费品。价格提高，人们就减少消费；价格降低，人们就增加消费。此类产品宜采取降价措施扩大销售，增加利润。

需要注意的是，前两种情况在现实生活中极少见到，常见的是后两种情况。

四、目标投资收益率

在正常情况下，每一个生产经营者都会追求一定的利润目标，这些目标通常是以投资收益率或资产收益率来评估的。农畜产品生产经营者可供选择的利润目标一般有三种。

1. 长期利润目标

此时生产经营者虽然制定正常的行业价格，但却生产优质的产品，将来可渗透进入到竞争者的市场中去。

2. 最大当期利润目标

指根据已知的需求和成本情况，制定一个在当季或当年可获得最大利润的价格。

3. 固定利润目标

农畜产品经营者在投资前制定一个具体的利润目标，以保证获得固定的投资收益。

五、消费者对产品的认知

消费者对产品所持有的认知价值，对他们所能接受的价格有重大影响。当他们对产品的认知价值较高时，就能接受一个较高的价格；相反，价格高时，他们会拒绝接受。一个产品的认知价值的建立需要经营者做好营销工作，只有建立良好的产品形象，才能提升消费者对产品的认知价值。如寿光的绿色蔬菜在这方面的成功经验就很值得借鉴。

第三节 农畜产品的定价方法

定价方法是农畜产品生产经营者在特定的定价目标指导下，对农畜产品价格进行计算的具体方法。根据价格与成本、价格与需求的关系，以及竞争者对价格决策影响的分析，营销者制定的价格既不能低得无法盈利，又不能高得没有需求，而是要介于二者之间。综合考虑这些因素，定价的方法主要有成本导向定价法、需求导向定价法和竞争导向定价法。

一、成本导向定价法

这是以产品成本为定价基础，加上生产经营者的目标利润来确定产品价格的定价方法。产品成本是农畜产品生产经营过程中所产生的耗费，是价格制定的下限，客观上要求通过产品的销售得到补偿。这是营销者最常用、最基本的定价方法。具体包括以下几种：

（一）成本加成定价法

即在成本之上加一定成本比率的毛利定价，也称毛利定价法。计算方法是：

产品单价=单位产品成本×（1+毛利率）

例如，某养鸡场每饲养一只鸡的成本为 6 元，毛利率确定位为 20%，则每只鸡的价格为：

6×（1+20%）=7.2 元

这种定价方法的最大优点是简单易行，因此在定价中被广泛使用。其不足之处是只从卖方利益出发进行定价，忽视了市场需求的变化和市场竞争因素的影响。该方法特别适合经营易腐农畜产品和小商品的零售商使用。

（二）目标利润定价法

这种方法是根据经营者制定的目标利润来确定产品的价格。采用这种方法，首先要估计产品成本和可能达到的销售量，然后计算保证实现目标利润所应达到的价格水平。

其计算公式为：

单位产品价格=产品总成本（1+目标利润率）/预计销售量

这种定价方法的优点是可以保证实现既定的利润目标，但是由于利用的是预计销售量来确定价格，而价格是影响销售量的重要因素，所以，采用此方法计算出来的价格，不一定能保证预计销售量的实现，尤其是需求价格弹性较大的产品更是如此。因此，采用此方法的营销者必须要有较强的计划能力，测算好销售价格与预期销售量之间的关系，并做好保本分析。

二、需求导向定价法

这种方法不是根据产品的成本来定价，而是根据消费者对产品价值的认识和需求程度来定价。这种定价方法常用的有：

（一）理解价值定价法

即以消费者对产品价值的感受和理解程度作为定价的依据。一般各种产品在消费者心目中都有特定位置，消费者在选购某一产品时，常会将其与其他同类产品相比较，通过权衡相对价值的高低来决定是否购买。这就要求营销者在定价时，首先要搞好产品的市场定位，突出产品特色，并通过各种营销手段，加深消费者对产品的印象，使消费者感到购买这种产品能获得更多的相对利益，从而提高他们接受价格的程度。

这一方法的核心是消费者对产品的认知价值，即寻求消费者在观念上的认同。采用这一方法的关键是正确地估计消费者的认知价值，如果估计过高，就会导致定价过高；反之，如果估计过低，就会影响生产经营者的收益。

(二) 需求差异定价法

这种定价方法以销售对象、销售地点、销售时间、产品样式等发生变化所产生的需求差异为定价依据，对同一产品，根据不同的需求制定不同的价格。主要包括四种不同的需求差异。

1. 根据顾客差异定价

同一产品，面向不同的顾客群体时，实行不同的价格。如供应超市的蔬菜和供应农贸市场的蔬菜价格不同。

2. 根据产品式样差异定价

同一产品，因外观样式不同，实行不同的价格。如方形的西瓜比圆形的西瓜价格高，进行了包装的水果比散卖的水果价格高。

3. 根据地点差异定价

如农畜产品在产地市场出售价格就低，而在消费地市场出售价格就高。

4. 根据时间差异定价

同一产品，在不同的时间，实行不同的价格。如同一种蔬菜，在不同的季节，甚至在一天中的不同时间段，价格差别很大。

采用这种定价方法，要具备一定的前提条件，首先要搞好市场细分，各细分市场的需求差异比较明显；其次是要防止转手倒卖；再次，实行差异定价要有充足的理由，避免引起顾客的反感；最后，不能因实行差异定价增加过大的开支，否则得不偿失。

三、竞争导向定价法

这种方法是根据竞争者的价格来定价。生产经营者视自己产品的质量和需求状况，或采用与主要竞争者相同的价格，或高于、低于主要竞争者的价格。其特点是只考虑竞争者价格的高低，而不考虑产品成本和市场需求的变化。

这种方法主要有两种定价方式：

（一）随行就市定价法

随行就市定价法又称通行价格定价法，即按照目前市场上的价格水平来定价。随行就市定价意味着充分利用本行业的智慧，方法简单易行，因此，这种方法在实践中相当普遍。其理论依据是：在竞争激烈的市场上，产品价格是由无数个买主与卖主共同作用的结果，单个生产经营者实际上没有多少定价权，只能按照行业的现行价格来定价，如粮食、油料等初级农畜产品。随行就市是对市场各方都有好处，都能接受的价格。

随行就市定价法适应于质量差异不大，竞争激烈的产品，或者成本不易测算、市场需求和竞争者反应难以预料的产品。其优点：一是容易被消费者所接受，因为通行价格往往被人们认为是“合理价格”；二是可以使自己获得平均利润；三是可以避免挑起激烈的价格战，造成两败俱伤。

（二）竞争价格定价法

竞争价格定价法是主动竞争的定价方法。它可以有两种选择：高价和低价策略。但是，无论以高价还是低价出售产品都会导致竞争加剧，增大风险。因此，采用这种方法要区分场合、条件，一般应与促销手段综合运用，才能收到较好的效果。

第四节 农畜产品定价策略

农畜产品定价策略是在定价目标的指导下，根据农畜产品特征和市场条件，综合考虑影响价格的各种不同因素，运用具体的定价方法，对农畜产品价格进行决策。常用的定价策略有以下几种。

一、新产品定价策略

新产品定价是营销策略中的一个十分重要的问题，它不仅关系到新产品能否顺利进入市场和占领市场，而且还会影响到可能出现的竞争者数量。常见的新产品定价策略主要如下。

（一）撇脂定价策略

撇脂定价策略又称高价厚利策略，就是将新上市的产品价格定得较高，使单位价格中含有较高的利润，以便在短期内获得尽可能多的投资回报。如1995年山东寿光市农民赵某从外地引种了当地没有的苦瓜并获得成功，元旦前后收获的苦瓜全被周围农民和外地商贩高价抢购，每1 000克卖价高达60元。后来，农民便开始纷纷种植苦瓜，于是苦瓜价格也随之快速下跌，但此时的赵某已获得高额回报。

（二）渗透定价策略

渗透定价策略又称薄利多销策略。它与撇脂定价策略正好相反，即把新上市产品的价格定得较低，以利于为市场所接受，迅速打开市场，并且稳定地占领市场。因此，它谋求的是长期稳定的利润。

（三）满意定价策略

满意定价策略又称温和定价策略。该策略就是为新产品制定一个适中的价格，使顾客比较满意，生产者又能获得适当的利润。因此，它是一种普遍使用、简单易行的定价策略。

满意定价策略适合于产销比较稳定的产品。它既可以避免撇脂定价因价格过高带来的风险，又可以避免渗透定价因价格过低造成的收益减少。其缺点是有可能造成高不成、低不就的尴尬状况，对消费者缺少吸引力，难以在短期内打开销路。

二、心理定价策略

心理定价策略，就是根据消费者购买农畜产品时的心理进行定价，以激发消费者的购买欲望。常见的心理定价策略有：

（一）整数定价

整数定价，是指在确定农畜产品价格时，不保留价格尾数的零头，而是向上进位取整数。这种定价策略主要适用于价格较高的农畜产品。因为消费者往往以价格作为产品质量的标准，特别是对一些高档消费品，或者消费者不太了解的产品，常有“一分钱，一分货”的心理。整数价格便于消费者分清档次，做出购买决定。如一盒礼品人参，如果定价79元，就不如定价80元为好，因为80元比79元给人一种产品身价上一档次的感觉。

（二）尾数定价

尾数定价策略，与整数定价策略相反，是指在确定产品价格时，保留价格尾数上的零头，而不进位成整数。这种定价策略主要适用于价格较低的农畜产品。这种定价一般不是精确计算成本和利润的结果，而是为了适应消费者心理需求所做的取舍。

（三）分级定价

分级定价策略就是通过对同一种产品的质量、规格进行比较分级，并分别确定不同的价格。其优点主要如下。

1. 便于定价

分级定价既可以简化核算产品价格的过程，又便于对产品价格进行调整。

2. 扩大销售

分级定价便于顾客按需购买，有利于满足不同消费层次的顾客需求，从而可以扩大产品的销售量。采用分级定价策略，要注意合理划分等级数目，合理确定各档次之间的差价。

（四）习惯定价

在一定的时期内，一些日常消费的农畜产品，如蔬菜、水果、食品等的价格已经被消费者所熟悉，在消费者的心理上已形成习惯价格，对于这类产品的价格，一般不宜提价，其价格稍做变动，就会影响销售。如果生产成本大幅度提高，经营者可以采用降低费用，或者变相提价，如适当地降低质量、减少分量的办法来迎合消费者的习惯心理，也可以改变包装、装潢后重新定价。

三、折扣定价策略

折扣定价策略指经营者在顾客购买商品达到一定数量或金额时，给予一定的价格折扣。折扣定价策略包括以下几种：

（一）数量（金额）折扣

指卖方为了鼓励顾客多购买，达到一定数量（金额）时给予某种程度的折扣。其形式有累进折扣和非累进折扣两种。累进折扣为买方在一定时期内，累计购买达到一定数量或金额时，按其总量大小给予不同的折扣，购买越多，折扣比例越高。目的在于使买者成为可信赖的长期顾客，适用于不宜一次大量购买的易腐易烂产品以及日常生活用品。非累进折扣是指当一次购货达到卖方要求的数量或金额时，给予的折扣优待。这可以鼓励顾客一次性大量购买，也可以节省销售费用。

（二）现金折扣

现金折扣是指消费者在赊销购物时，如果买方以现金付款或提前付款，可以得到原价格一定折扣的优惠。采用这一方式，可以促使顾客提前付款，从而加速资金周转，实行现金折扣的关键是要合理确定折扣率，折扣率大小一般根据提前付款期间的利息和经营者利用资金所能创造的效益来确定。

（三）交易折扣

交易折扣又称功能性折扣，是根据各类中间商在市场营销中功能的不同，给予不同的折扣。交易折扣的多少，视行业、产品的不同而不同，相同行业与产品，又要看中间商所承担的商业责任的多少而定。一般来说，批发商折扣较多，零售商折扣较少。

四、地区定价策略

地区定价策略，就是当把产品卖给不同地区的顾客时，决定是否实行地区差价。地区定价策略的关键是如何灵活对待运输、保险等费用，是否将这些费用包含在价格中。因为在农畜产品定价中运费和保险费是一项很重要的因素，特别是运费和保险费占成本比例较大时更应该重视。具体方法有：

（一）产地定价

产地定价指顾客在产地按出厂价购买产品，卖方负责将产品运至顾客指定的运输工具上，运输费用和保险费全部由买方承担。这种定价方法对卖方来说是最简单和容易的。对各地区的买方都是适用的。

（二）统一交货定价

统一交货定价是指不论买方所在地距离远近，都由卖方将货物运送到买方所在地，并收取同样的运费。这种策略类似于邮政服务，因此又被称为“邮票定价法”。该策略适用于重量轻、运费低廉，并占变动成本比重较小的产品。它可以使买方感到免费运送而乐于购买，有利于提高市场占有率。

（三）分区运送定价

分区运送定价指卖方将市场划分为几个大的区域，在每个区域内实行统一价格，与邮政包裹和长途电话收费近似。

第十二章　农畜产品分销策略

在市场经济高度发达的社会里，大多数商品不是由生产者直接供应给消费者和用户的，而是要通过一定的中间渠道，才能从生产领域进入消费领域。研究农畜产品的分销渠道就是要探讨如何使生产经营者的产品又快又省地送到消费者手中。一个网络遍布的分销渠道是生产经营者和企业的一个巨大的无形资产，它在生产经营者和企业的营销组合中占有重要地位。建立适应市场需求的农畜产品分销渠道，将会使农畜产品生产经营保持更持久的竞争优势。

第一节　农畜产品分销渠道概述

一、什么是农畜产品分销渠道

农畜产品分销渠道（也称销售渠道），是指农畜产品从生产者向消费者或用户转移过程中所经过的各个中间环节，即具有交易职能的商业中间人所连接起来的通道。分销渠道的两端是生产者和消费者或用户，起点是生产者，终点是消费者和用户，连接两端的纽带就是各个中间环节，包括各种批发商、零售商、商业中介机构（交易所、经纪人等）等商业中间人。显然，由于批发商、零售商、代理商和经纪人的存在，各种商品或同一种商品的分销渠道可以大不相同。不过，只要是从生产者到最终用户或消费者之间，任何一组与商品交易活动有关的并相互依存、相互关联的营销中介机构均可称作一条分销渠道。分销渠道犹如血液循环系统，如果渠道不畅通，消费者的需求就不能得到及时的满足，社会的再生产过程就不能正常进行，产品的价值就不能实现。

二、分销渠道的类型

销售渠道类型有长度、宽度之分。所谓销售渠道长度是指农畜产品从生产者转移到消费者手中要经历多少环节（层），即产品流通所经过的中间环节越多，则渠道越长，反之渠道越短。分销渠道的长与短是相对而言的，仅从形式的不同不能决定孰优孰劣。所谓销售渠道宽度，是指同一环节的分销点有多少，若同一环节分销点越多，则渠道越宽，反之则越窄。企业的营销人员应该掌握各种分销渠道的特点，根据所经营的农畜产品本身的特点，选择最佳的分销渠道。

（一）分销渠道的长度类型及其选择策略

农畜产品分销渠道有以下几种常见的模式。

1. 生产者—消费者

这种模式叫零层渠道，也称直接分销渠道。是指农畜产品由生产者向消费者或用户转移过程中不经过任何中间环节，直接由生产者供应给消费者或用户。这是一种最简便、最短的渠道。例如，农民在自己的农场门口直接开办门市部，以“前店后场”的形式销售农畜产品。在美国的休斯敦市，有一家世界上独一无二的蔬菜超市——拉笛尔蔬菜超级市场。其最大特色就是种植同销售融为一体。作为种植与销售蔬菜于一体的“前店后场”式大型超市，由于拉笛尔蔬菜超市省去了各地收购、运输和中间商等多道环节，损耗率极低，因而其售价比市面上的蔬菜价格普遍要低5%~7%，与同类蔬菜市场相比具有明显的质量及价格优势。

直接渠道主要形式还有农畜产品生产者在市场上摆摊设点、上门推销、电话订货、通过订货会或展销会与用户直接签约供货，或者农畜产品生产者利用计算机网络直接与客户达成交易等形式，将其生产的粮食、蔬菜、果品、水产品、禽蛋等农畜产品销售给直接消费者。

2. 生产者—零售商—消费者

这种模式也称一层渠道，分销渠道含有一层中间环节。生产者直接向大中型零售店、大型超市供货，零售商再把商品转移给消费者。例如，自从家乐福进入中国率先引入“超市卖菜”的新概念之后，生鲜农畜产品经营方式的超市化被生产者和消费者认可。生鲜超市采取的是统一采购、统一配货、统一定价的连锁经营方式。直接从农畜产品生产基地进货，最大限度地减少了传统批发诸多的中间环节，不仅能保持生鲜食物的新鲜，而且做到货物多元化，全方位满足市民需求。这些产品在配送中，往往经过严格的筛选、包装和加工，方便了购买。

3. 生产者—批发商—零售商—消费者

这种模式也称二层渠道，分销渠道有两层中间环节。这种模式多为小型企业和零售商所采用。农畜产品生产者将其产品出售给批发商，由批发商再转售给零售商，最后由零售商销售给最终消费者。这是一种传统的分销模式，我国大部分农畜产品通过这种渠道流通。农畜产品由产地批发商收购，然后再转手批发给零售商，或者转手批发给销地批发商做二次批发。

4. 生产者—收购商（或加工商）—批发商—零售商—消费者

这种模式又称三层渠道，是包含三个环节的分销渠道。即在生产者和批发商之间又有一个收购商，收购农业生产者的农副土特产品，或者是因某些农畜产品原始形态不适合消费者直接消费，必须经过加工而增加的加工商，如食品加工等。

5. 层数更多的分销渠道

还有层数更多的分销渠道，这意味着有更多的中间环节参与农畜产品的销售活动。从生产者的观点来看，渠道的层级越多越难以协调和控制，并可能导致流通过程中加价过高。尤其是大部分的农畜产品具有生鲜和不宜长时间储存的性质，所以应该减少不必要的中间环节，缩短分销渠道。

（二）分销渠道的宽度类型及其选择策略

分销渠道按其宽度，即同一环节的中间商（分销点）的多少，有三种类型：

1. 密集性分销渠道

密集性分销渠道也称广泛性销售渠道或者是高宽度分销渠道，这是最宽的销售渠道。它是指生产者运用尽可能多的中间商分销其产品，使渠道尽可能加宽，以扩大商品在市场的覆盖面和方便消费者能够随时购买。大部分的农畜产品，适于采取这种分销形式。农畜产品按其特点基本上可以分为鲜活农畜产品和一般农畜产品两大类。鲜活农畜产品因其自然属性的要求，渠道应尽量短而宽。短是尽量减少中间环节，宽是利用多个销售点或销售场所。鲜活农畜产品只有选择既短又宽的分销渠道才能保证产品的鲜活性，减少损失。

2. 选择性分销渠道

选择性分销渠道也称中宽度渠道，是指生产者在某一地区有条件地选择少数几个有支付能力、销售经验、产品知识及推销知识的中间商分销其产品。有选择地使用理想的中间商，使生产者可与其密切配合，并使中间商按自己的要求进行营销活动，以树立产品的形象，培养忠诚的购买者，促进农畜产品的销售。选择性分销渠道适用于消费者在价格、质量、花色、味道等方面进行比较和选择后才决定购买的产品。

3. 专营性分销渠道

专营性分销渠道又称独家分销渠道，是指生产者在某一地区只选定一家中间商分销其产品，实行独家经营。在这种情况下，双方一般都签订合同，规定双方的销售权限、利润分配比例、销售费用和广告宣传费用的分担比例等。生产者在合同指定的区域范围内，不能再找其他的中间商经销自己的产品，也不允许选定的中间商经销其他生产商生产的同类产品。

独家分销是最窄的分销渠道。采用独家分销这种策略，生产者能在中间商的销售价格、促销活动、信用和各种服务方面有较强的控制力，从事独家分销的生产商还期望通过这种形式取得经销商们强有力的销售支持。独家分销的不足之处主要是由于缺乏竞争会导致经销商力量减弱，而且对消费者来说也不方便，可能因为销售网络稀疏，使消费者在购买地点的选择上感到不方便而影响到消费者的购买，使生产者受到损失。

第二节 农畜产品批发与零售

企业在确定了分销渠道之后，还必须正确选择中间商，因此，需要掌握各类中间商（主要是批发商和零售商）的特点与作用，了解现代商业形式的新发展。

一、农畜产品批发与批发商

农畜产品批发是指一切将农畜产品销售给为了转卖他人或商业用途而进行购买行为的个人或组织的营销活动。农畜产品批发商是指把农畜产品销售给那些为转卖而购买的中间商，例如，把农畜产品卖给批发商、零售商用于转卖；把农畜产品卖给制造商用于工业生产；把农畜产品卖给农场主用于农业生产；把农畜产品卖给商业用户（旅馆、饭店、食堂等）、公共机关用户（学校、医院、监狱等）、政府机构等。

从事批发经营的主体主要有：商人批发商、经纪人或代理销售商等。批发商处于商品流通的起点或中间环节，交易对象是生产企业和零售商。一方面，批发商向生产企业收购商品；另一方面，它又向零售商业批销商品，并且是按批发价格经营大宗商品。批发商是商品流通的大动脉，是关键性的环节。批发商所进行的收购、销售、运输、储存以及整理、加工、包装、服务等营销活动，不仅保证了生产者再生产的顺利开展，而且保证了零售商业和其他用户的商品货源；既调节与缩短了供求之间的距离和时间，又节约了社会劳动，加快了全社会的资金周转。它是连接农畜产品生产企业和商业零售企业的枢纽，是调节农畜产品供求的蓄水池，是沟通农畜产品产需的重要桥梁，对促进农业生产，提高经济效益，满足市场需求，稳定市场具有重要作用。

二、农畜产品批发商的类型

由于各类批发商的职能，经营方式，经营范围和规模都不同，因此，批发商种类比较复杂。

按农畜产品产销地划分，可分为产地批发商、销地批发商；按营销产品的用途，可分为生产资料批发商、消费资料批发商；按活动区域划分，可分为全国性批发商、区域性批发商和地方性批发商；按经营的农畜产品种类划分，可分为综合批发商和专业批发商；按经营场所划分，可分为批发市场批发商、店铺批发商和卡车批发商，等等。

按是否拥有商品的所有权及其功能发挥程度，批发商可分为商人批发商、经纪人和代理商、生产商和零售商的批发机构、其他批发商等。下面重点介绍这几种批发商。

（一）商人批发商

商人批发商，指的是自己进货，取得商品所有权后再批发出售的商业企业或者个人。商人批发商是批发商中的最主要的类型。商人批发商按其职能和提供的服务是否完全，可以分为完全服务批发商（执行全部批发职能）和有限服务批发商（执行部分批发职能）两种类型。

1. 完全服务批发商

完全服务批发商执行批发商业的全部职能，它们提供的服务除了从事商品买卖活动外，还承担商品的储存、运输、分类、拼配、分装、提供信贷、送货和协助管理等。其中包括批发中间商和工业分销商两种。批发中间商主要是向零售商销售，并提供广泛的服务；而工业分销商则是向制造商而不是向零售商销售产品。完全服务批发商，既可以为农畜产品生产者提供大量的销售服务，也可以为众多的零售商以及以农畜产品为原料进行加工的制造商提供大量购买服务。例如，提供农畜产品收购、整理、分级、储存和送货等系列服务。

2. 有限服务批发商

这类批发商是只执行一部分服务职能的批发商。这类批发商又可细分为以下五类。

（1）现购自运批发商。其特点是不赊账、不送货，客户自备运输工具将商品运回，当面钱货两清。

（2）卡车批发商。其经营方式是使用卡车从供应商那里直接将商品运送到零售商、宾馆、酒楼，承担类似购销员、送货员的职能，以及时、频繁、快速送货为经营特点。

（3）直送批发商。不设仓库，不提供仓储服务，主要经营不方便运输的大宗商品，如木材、粮食等。

（4）货架批发商。该类批发商在超市或商场设有自己的货架，展销其经营的产品，并以赊销的方式向零售商供货。

(5) 邮购批发商。以邮购方式开展批发业务等。

由于农畜产品自身的特点，后两类批发商在农畜产品营销中不常见。

(二) 代理批发商

代理批发商是指从事购买或销售或二者兼备的洽商工作，但不取得商品所有权的批发商类型。它与商人批发商不同的是，它们对其经营的产品没有所有权，所提供的服务比有限服务批发商还少，其主要职能在于促成产品的交易，借此赚取佣金作为报酬。代理批发商主要有以下几种形式。

1. 商品经纪人

经纪人指不实际控制商品，也不参与融资或承担风险，他们的主要作用是为买卖双方牵线搭桥，协助谈判，促成买主和卖主的成交，然后经纪人向委托人收取一定的佣金。例如，在我国牲口市场上大量的商品经纪人被称为“牙行”经纪人。随着农畜产品流通体制改革的深入，农畜产品流通渠道日益多样化，农畜产品经纪人成为解决农村小生产和大市场矛盾的一支重要力量。

2. 制造商的代理商

制造商的代理商是指在签订合同的基础上为生产商销售商品的代理商。制造商的代理商既可以负责代理销售生产商的全部产品，也可以只代理某一部分产品。双方一般要签订合同，明确双方的权限、代理区域、定价政策、佣金比例、订单处理程序、送货保证和其他各种保证。另外，生产商欲扩大市场而未建立分销店或建点不合适也可利用代理商以节省成本。

3. 销售代理商

销售代理商是指在签订合同的基础上，为委托人销售某些特定商品或全部商品的代理商，相当于生产商的销售部门。销售代理商与制造商代理商相比较，在代理产品的范围、销售地区、价格条件等方面有较大权限，并可兼营代理多个生产厂家的产品。

4. 佣金商

佣金商又称为代办行或商行，是指在一定时期内，为委托人运送、保管、代销产品，收取佣金的代理商。他们对受托的产品有较大的经营权，可不经委托人同意，以自己的名义销售产品，可以多家代理，代理时间可长可短。佣金商代理生产商销售产品后，扣除佣金和费用，将余款交给生产商。佣金商最常从事于农畜产品营销，他们用卡车将农畜产品运送到中心市场，以比较高的价钱出售，然后减去佣金和各项开支，将余款交给生产者。

（三）生产商和零售商的批发机构

它不是独立批发商，而是卖方或买方自己进行的批发业务。它有两种主要形式。

1. 生产商销售部和销售办事处

大的生产商一般都有自己的销售部门，并在城市设立办事处。销售部持有自己的存货，销售办事处不持有存货，是企业驻外的业务代办机构。生产商自己设立分销部和办事处，有利于掌握当地市场动态和加强促销活动。

2. 采购办事处

许多零售商在大城市设立采购办事处，这些办事处的作用与经纪人或代理人相似，但却是买方的组成部分。

（四）其他类型批发商

1. 农畜产品采购商

农畜产品采购商从广大农民处收购农畜产品，然后集零为整，运销给食品加工厂、面包生产商和各类所需用户。农畜产品采购商通过整车运费和地区差价获得好处，从中赚取利润。

2. 拍卖行

拍卖行是为买主和卖主提供交易场所和各种服务项目，以公开拍卖方式决定市场价格，组织买卖成交，并从中收取规定的手续费和佣金。一些大宗商品，例如，烟草、果蔬、茶叶、牲畜等农畜产品就可以通过拍卖行进行拍卖。

三、农畜产品批发市场

农畜产品批发市场是指为农畜产品集中批发交易提供场所的有形市场。农畜产品批发市场是现代市场经济条件下农畜产品流通的重要途径，依托其商品集散、价格形成、信息传输三大基本功能，在促进农业生产规模化、标准化、产业化和农畜产品大市场、大流通格局的形成，在引导农民面向市场，调整优化农业结构，实现增产增收和保障城乡居民的“菜篮子”供应，促进社会稳定等方面，发挥着不可替代的作用。在我国农畜产品批发市场主要有四种类型：

（一）政府开办的农畜产品批发市场

这是指由地方政府和国家有关部门共同出资，参照国外经验进行规范设计而建立起来的农畜产品批发市场。也称为规范化的农畜产品批发市场，或官办的农畜产品批发市场。其特点是，国家是投资主体；由专职人员提供农畜产品商品流通的系列服务，有专门的管理人员和管理组织，该组织有严格的交易资格审查制度和交易结算制度，只有经过考核登记，取得法人资格后，才能进场交易；交易量大，品种单一；交易设施完善，环境好；结算方式先进，既做现货交易也做期货交易。例如，郑州、九江、武汉、哈尔滨、长沙、北京等地的粮食批发市场、北京的京华金牛清真肉类水产批发市场、上海的猪肉批发市场，等等。

（二）自发形成的农畜产品批发市场

此类批发市场是在农畜产品集贸市场基础上自发形成的，有关部门加以选择、引导、规划、建设而成的农畜产品批发市场，也有人称之为民办的农畜产品批发市场。目前我国大部分农畜产品批发市场属于自发形成的，全国已经上规模的有4 500多个。例如，山东寿光蔬菜批发市场、山东章丘刁镇蔬菜批发市场、山东聊城农副产品蔬菜批发市场、北京大钟寺农副产品批发市场、深圳布吉农畜产品批发市场，等等。其特点是：投资主体复杂，有国有企业、集体企业和个体企业等；交易的农畜产品种类多而复杂；交易时采用传统的一对一的谈判方式，市场设施和服务设施比较简陋，交易环境差；主要从事现货交易，结算方式比较落后，一半是现金交易。

（三）产地批发市场

产地批发市场是指在农畜产品主产地为了快速、大批量集散当地农畜产品而兴建的批发市场。其主要功能是“集货”，即把农民分散生产的农畜产品及时汇集起来，形成商品批量，以运销到全国各大中城市和国外市场。例如，山东寿光蔬菜批发市场就是一个典型的产地批发市场，年上市蔬菜品种 300 多个，全国 20 多个省、自治区、直辖市的蔬菜来此大量交易，是中国北方最大的蔬菜集散中心、价格形成中心和信息交流中心。

（四）销地批发市场

销地批发市场是指在农畜产品销售地，农畜产品营销者将集货再经批发环节，销往本地市场和零售商，以满足本地消费者的需求。例如，我国大中型城市中的农畜产品批发市场基本上都属于销地批发市场。

四、农畜产品零售

（一）农畜产品零售及零售商

农畜产品零售是指将农畜产品销售给最终消费者用于生活消费的经济活动。任何从事这类活动的不论由谁经营，归谁所有，也不论以哪一种方式在什么地方销售商品或劳务，只要是用于最终消费，都属于零售范畴。

凡是以经营零售业务为主要收入来源的组织和个人均属于零售商。但是有零售行为的组织和个人，并不一定都是零售商。零售商首先是经营者（中间商）的一种类型，该经营者的基本业务范围必须是零售活动。因此，对一些批零兼营的商业机构来说，只有其销售量主要来自零售活动的商业单位，才能称为零售商。

（二）农畜产品零售商类型

零售商的类型比较复杂，这里仅按销售方式介绍零售店的几种类型。

1. 百货商店

其特点是商店规模较大，经营商品范围广，商品档次较高，属大型综合性商店。其内部按照商品的种类分为不同的商品部。每一大类商品部都经营许多品种、规格的商品。百货商店大多设在城市繁华的闹市区和郊区购物中心；销售方式多采用传统方式，由售货员为顾客介绍、取送商品、解答问题、包装商品，并为顾客提供多种服务。由于百货商店之间竞争激烈，还有来自其他零售商，特别是专用品连锁店、仓储式超市的激烈竞争，加上交通拥挤、停车困难和中心商业区的衰落，百货商店正逐渐失去往日的魅力。为了应对挑战，百货商店采取了一系列的措施，如改变以往“大而全”的形象，努力将自己定位于“小而精，精而全”的主体化经营。

2. 专业商店

专业商店是专业化程度较高的零售商店，这种商店专门经营某一类或几类农畜产品。各类产品的花色品种较为齐全。例如，粮油商店、水产品商店、水果专卖店、蔬菜商店，等等。专业商店一般经营面积较小，雇员少，营业费用低。目前，我国大中型城市的农副产品多采用这种形式。

3. 超级市场

超级市场是一种消费者自我服务、敞开式的自选售货的零售企业。超级市场起源于20世纪30年代，但在第二次世界大战后才在美国迅速发展起来，随后被推广到世界各地。超级市场的零售方式是以自我服务、薄利多销、出门一次结算付款为特征。另外，营业面积较大，并提供多种服务，如免费送货、免费班车等。随着市场竞争的加剧和绿色农业的发展，许多农副产品进入超级市场参与竞争。经营的农畜产品品种主要是蔬菜、果品、鱼肉禽蛋类产品、各类食品等。

4. 便利商店

便利商店是设在居民区附近的小型商店和农村的杂货店，其经营特点是营业时间长，销售品种范围有限、周转率高的农副产品。消费者主要利用方便店进行“补充”式采购。由于便利商店可以在购买场所、购买时间、商品品种上为顾客提供方便，从而成为人们生活中不可缺少的一种购买形式。

5. 连锁商店

连锁商店于 1859 年在美国纽约创办，至今已有一百多年历史。所谓“连锁”是指在同一所有者集中控制下，统一店名，统一管理的经营方式。连锁商店是一种由连锁总部负责统一采购、统一配货、统一定价、连锁经营的商业零售集团，下属分店少则 2~3 家，多则百家连锁在一起。由于统一进货，批量大，因此进货价格和成本低。并且，由于采购与销售分离，总部下属各分店专门负责销售，既摆脱了烦琐的既买又卖业务，又可以集中精力促销和降低销售成本。其缺点是如果权力过于集中，灵活性和应变能力较差。

6. 农贸市场

农贸市场一般也是设在居民区附近。其经营特点是，营业时间长；零售商多是摊贩，有固定摊贩和流动摊贩；农副产品种类多而复杂；价格相对于商店零售来讲要便宜。目前，我国城市中的居民每天需要的蔬菜、水果、水产品、畜产品、禽蛋类产品大多由农贸市场供应。

五、发展多种形式的农村营销中介组织

除了上述农畜产品营销的中间商外，发展一头连着市场，一头连着农户的农畜产品营销中介组织，对推动农业产业化，提高农业经济效益，改善农畜产品流通环境，开通农副产品运输绿色通道，搞活农畜产品流通，拓宽农民增收领域，有力地促进农业和农村经济的发展，以及扩大农畜产品的出口，组织更多的优质农畜产品进入国际市场具有重要意义。

（一）专业协会

专业协会主要是从事某项农畜产品生产、加工、流通的农民，以产品和技术为纽带建立起来的中介组织。如西瓜协会、蔬菜协会、果品协会、花卉协会等。这种形式不以营利为目的，突出服务性，互惠互利，组织比较松散，主要为农户提供系列化服务，帮助和带领农民

进入市场。

(二) 专业合作社

农民专业合作社是为满足同一类经济或社会需求的社员共同出资组建而成，是广大农民为适应社会主义市场经济需要组建的一种互助共利的新型合作经济组织，是农村微观经济组织的重大创新。

在农畜产品市场营销中，首先，专业合作社在引领农民进入市场中发挥重要的组织作用。专业合作社组织分散的农户根据市场需求变化进行生产、加工和销售，引导和改变农户的经营模式和提升农畜产品竞争力，直接促进农民增收致富。其次，专业合作社在开拓农村市场中充当了市场与农户以及相关生产者之间的中介，为其传递信息，帮助生产者创造进入市场的有利条件，及时调整适应市场需要的经济生产行为，规避市场风险。最后，专业合作社可为生产者提供产前、产中、产后服务，增强农业的科技含量和提升现代化农业的品质。

(三) 流通运销组织

流通运销组织就是把农民运销大户组织起来，兴办各种农畜产品流通服务公司和运销实体，培植和发展民间农畜产品流通协会和运销专业户、车队等，形成规模庞大的农民运销队伍，通过他们将农副产品运往各专业批发市场和省内外销售地，占领外地市场。尤其应该积极培育龙头流通企业。一方面，龙头企业通过合同、订单等方式联系生产基地，指导农户组织生产，另一方面，紧密联系农畜产品批发市场，捕捉市场信息，确保产品销路通畅。

(四) 信息服务组织

近年来，以各级政府为主体积极推进的农村信息服务体系建设和信息服务，取得了非常好的效果。由政府组织农村信息“灵通人士”围绕支柱产业收集信息和发布信息，在促进供需衔接，解决农畜产品难卖、贱卖问题方面；在引导农民生产市场前景好、附加值高的农畜产品，促进当地农业主导产业的形成和发展方面；在引进先进的农业技术，传播农业科技知识，加速科研成果转化，加速先进实用农业技术推广应用等方面，向农民提供产前、产中、产后的系列化信息服务中发挥着巨大的作用。

第十三章　农畜产品促销策略

“好酒也怕巷子深”，在开发适销对路的农畜产品、制定有吸引力的价格和确定有效的分销渠道的同时，农业企业还必须与其顾客、中间商、政府和社会公众进行广泛和连续的信息沟通活动。科学地采用一定的促销手段进行促销是农业企业在市场竞争中取得成功的必要保证。

第一节　农畜产品促销与促销方式

一、农畜产品促销及其作用

（一）农畜产品促销的含义

市场交换活动是买方和卖方共同实现的，如果买方不知道卖方的产品、价格和信息，就不会去购买；如果卖方不了解买方的需求，生产出的产品就不会有人前来购买。因此要想使这种商品交换活动顺利进行，买卖双方就要及时有效地沟通信息。而这种信息的沟通，是通过生产经营者的促销活动来实现的。

农畜产品促销，是指农业生产经营者运用各种方式方法，传递产品信息，帮助与说服顾客购买本公司或本地产品，或使顾客对该品牌产品产生好感和信任，以激发消费者的购买欲望，从而扩大农畜产品销售的一系列活动。具体包括六种形式：广告、人员推销、营业推广、公共关系、展销和网络营销。例如，河北省邱县陈村羊肉加工大户石增平原来经营羊肉食品，为了扩大销售，采取了以下促销措施：在网站上做广告宣传，结果北京两家饭店一下就买走了 500 箱“绿惠”牌熟羊肉食品；同时向这些大饭店赠送一份纪念礼物等促销措施。现在每天都有北京、天津、石家庄等地的超市和宾馆发来订单。

近年来，邱县大力引导农民调整产业结构，推广“新、特、名、优”种养项目。但受传统观念影响，许多农民只顾埋头生产，不懂如何拓展市场，导致产品滞销。经过市场的洗礼，农民悟出一条道理：酒香也怕巷子深，好产品更得会“吆喝”。香城固乡蔬菜大王杨万桢在邯临路旁投资竖起一幅广告牌，图文并茂地介绍他家“洋菜园”里的以色列茄子、荷兰芹等新品种，广告做出不久，外地商贩纷至沓来。杨万桢的成功，在当地农民中掀起一股给农畜产品做广告的热潮：各种农畜产品纷纷被搬上荧屏、登上报纸、载上网站、画上广告牌，一些精明的商家也通过成立广告代理公司为农民提供广告服务。据统计，今年全县农民广告投入达300余万元，农畜产品销售额大幅上升。由此可以看出，促销的实质是实现农畜产品生产经营者与目标顾客之间信息的沟通，从而促进产品的销售。

（二）农畜产品促销的作用

从以上分析可以看出，农畜产品促销活动不仅可以直接刺激和诱导顾客购买，而且可以实现产品的生产经营者与消费者之间的信息交流，增进双方的相互了解和建立信赖关系。这就使得促销活动显得更为重要。农畜产品促销的作用主要表现在以下四个方面：

1. 传递信息，诱导需求

农畜产品促销工作的核心是沟通信息。农畜产品的生产经营者与消费者之间要达成交易就必须进行信息沟通。如果未将自己生产或经营的产品有关信息传递给消费者，那么消费者对你的产品就一无所知，就不会引起消费者的购买兴趣。只有将生产或经营的产品信息传递给消费者，才能使消费者引起注意，并有可能产生购买欲望。例如，当农畜产品的生产者或经销者有新的农畜产品投放市场时，必须通过广告、免费试用等方式告知消费者或用户，这些新产品会给他们带来哪些好处，以便引起消费者和用户的重视。

2. 影响消费，刺激需求

在消费者的可支配收入既定的条件下，消费者是否产生购买行为，主要取决于消费者的购买欲望，而消费者的购买欲望又与外界的刺激诱导是密不可分的。农畜产品的生产经营者无论采用哪种促销活动，其目的都是为了激发其潜在顾客的购买欲望，引发他们的购买行为。有效的促销活动不仅可以诱导和激发需求，还可以创造需求。例如，当经济不景气时，生产经营者可以用买一赠一的方式吸引老顾客；用免费试用的方式吸引新的顾客。这样可以使顾客产生一种可以得到利益的感觉，激励他们产生购买的兴趣。

3. 突出特色，提高竞争力

各个生产经营者生产和经营的农畜产品大部分都具有共同的属性，有些产品之间差别很小。如果农畜产品的生产经营者不进行宣传，消费者对这些产品的特点往往不易察觉。所以，企业在通过宣传促销活动说明本企业产品有别于其他同类竞争产品之处，宣传自己产品具有的鲜明特色，使消费者能够充分认识到本企业产品可以带给他们某些特殊利益和好处，有利于消费者进行选择和比较，达到扩大促销的目的。特别是你的产品比竞争对手优胜时，举办各种促销活动，可以挖走竞争对手的客户。比如一家农畜产品的生产者将自己的纯天然产品，通过促销，突出宣传产品的无污染性、绿色的优点和它能给消费者带来的健康利益，就能增强生产者及产品的优良形象，从而增强产品竞争力。

4. 提高声誉，稳定销售

随着农畜产品市场竞争的日益激烈，消费者购买农畜产品时，越来越看重产品生产者的声誉和产品的品牌。农畜产品的生产者开展促销活动不仅仅是促销产品，也是促销生产经营者自己，是在消费者中树立自己良好形象的过程。通过促销使更多的消费者熟悉和信任自己，形成自己的顾客群，就能达到稳定销售的目的。

二、农畜产品促销的主要方式

根据农畜产品促销活动手段不同，可以将农畜产品的促销方式分为广告促销、人员推销、关系营销、营业推广和农畜产品展销五种形式。

（一）广告促销

广告促销，是通过支付一定费用，利用一定的广告媒介向目标市场的消费者传递商品和劳务信息的一种促销活动。它是一种高度公开的信息沟通方式。广告促销与人员推销所不同的是，人员推销是针对具体的个人，而广告促销是面向广大公众进行推销，受众面广，它不仅能同时为许多人提供同样的信息，也可以使促销信息多次重复地传播，从而加深接受者的印象，便于对产品或服务进行比较和选择。另外，广告具有强化效能，可以通过文字、图形、声音、画面、色彩等手法，强化促销信息，增强其吸引力和说服力。同时对于受众来讲，广告只是单向传播，受众不用做出反应，对目标受众的压力较小。广告既能为农畜产品塑造长期形象，也可以以较低的成本向众多的处在不同地区的分散的目标受众传递信息。我国许多农畜产品的生产经营者固守过去的旧观念，本来产品质量很好，品种也繁多，就是因为没有知名度，导致市场竞争力越来越弱，占有率越来越低。

随着市场营销环境的变化，广告已成为营销的主角，肩负着创名牌和增效益两大特殊使命。纵观国内各类广告媒体，除在地方媒体上出现寥寥无几的农畜产品广告外，全国性媒体上还很少有农畜产品的广告。这么小的广告范围是很难使中国农畜产品走向国内外市场的。因此，应结合农畜产品个性特征挖掘其独有魅力，做好广告宣传。

好酒也怕巷子深。在经济全球化、信息国际化的今天，如果我们还是心存“好酒不怕巷子深”的陈旧观念，必然会被经济大潮所淹没，在世界农业经济的大舞台中被淘汰出局。当前，党和政府对“三农”问题十分重视，采取加大农业投入、粮食直补、实行粮食最低收购价和取消农业税等一系列行之有效的措施，促进农业增产、农民增收。农畜产品丰富之后，消除农畜产品卖难问题更是紧迫地摆在了面前。农畜产品的生产经营者应该充分认识广告的重要性，尽快把广告策略引到生产经营上来，提高农畜产品在国内外的知名度，增强农畜产品的市场竞争能力，在激烈的市场竞争中占据有利地位，进而推动农村经济的全面发展。

（二）人员推销

人员推销是通过派出销售人员直接面对面地双向交流，传达产品或服务的信息，促使消费者进行购买。这种促销方式，可以就近观察到客户的态度和反应，直接了解到客户的需求和特征，并可以随时调整沟通的方式和内容。同时，推销人员通过推销和客户之间可以建立个人友谊，利于保持长期的关系。比如在建立客户偏好、信任及行动方面，是其他方式无法取代的。农畜产品由于其质量信息无法从外观上直接观察，所以不应该单纯以广告或其他单向交流的方式去培养消费者的品牌意识和顾客的忠诚度，而是应结合双向交流的方式达到目的。

（三）关系营销

关系营销是指农畜产品的生产经营者为了实现自己的长远目标，在进行市场营销活动中，经常主动地与社会公众保持双向沟通，包括与消费者、供应商、分销商、竞争者、政府机构及其他公众发生互动作用，其核心是建立和发展与这些公众的良好关系。由于农畜产品的促销活动一般由政府和当地媒体一起发动的，所以，依靠公共关系进行产品促销往往能取得较好的效果。另外，由于报道不是付费的，而是通过第三方进行报道，因而可信度较高。

（四）营业推广

营业推广是指除了广告、人员推销、关系营销之外的，能刺激顾客的强烈反应，在短期内能促进顾客或其他中间机构迅速和大量购买某种商品的活动。如买一赠一、抽奖、优惠券等，可以让顾客感到明显的让步、优惠、服务和方便等，从而引起他们的购买欲望。如果说广告使消费者对产品产生兴趣，那么营业推广则起到将兴趣转化为行动的作用。营业推广促销效果快而明显，但作用具有短期性，一般较少单独使用，常常作为广告或人员推销的辅助手段。

（五）农畜产品展销

参加各种农畜产品展销会是农业生产者和营销者促销农畜产品的好机会。展销活动多数是由产地或行业组织在政府支持下举办的。活动之前通过发通知、做广告等进行广泛宣传，活动的组织机构还向有关部门和营销企业发出邀请。展销会一般都有开幕式、领导剪彩等仪式，其间也会邀请各种公共媒体参与采访报道，声势浩大，参加者踊跃，是促成大批量订货的好机会。有些展销会在农畜产品产地举办，邀请众多客商前来并安排现场参观和座谈交流，不但产品促销效果好，而且树立了良好的产地形象，扩大了产地的知名度。

在实际的农畜产品促销中，可以把以上几种促销方式进行综合运用，形成农畜产品的促销组合，以达到农畜产品促销的目的。

第二节 农畜产品广告促销策略

一、广告及其在农畜产品促销中的作用

（一）广告的含义

广告（Advertising）一词源于拉丁语，原意是“大喊大叫”“广而告之”，后来演变为英语 Advertise，含义为“引起别人注意，通知别人某件事”。汉语的广告就是“广而告之”。

从其含义来说，广告可以分为广义和狭义两种。广义的广告，是指凡是能够唤起人们的注意、告知某项事物、传播某种信息都可以称为广告。如政府公告、公共利益宣传、各种歧视声明等，既包括商业广告，也包括非商业广告。狭义的广告专指商业广告，是指由特定的广告主通过各种付费的广告媒体向目标市场和社会公众传播产品或服务的活动。

（二）广告在农畜产品促销中的作用

广告在农畜产品促销中具有重要作用，主要体现在以下方面：

1. 广告是最快速、最广泛的信息传递媒介

通过广告企业能迅速有效地把产品的功能、特性、用途等不易直接观察到的信息传递给消费者，引起消费者的注意和购买兴趣。一般而言，人们在购买农畜产品时除了对外观的新鲜度、病斑进行观察外，往往并不重视农畜产品的其他有关信息，因此，只有通过广告把其他不易直接观察到的信息传达给消费者，才能促进销售。此外，农畜产品有关安全、卫生质量、口感质量等信息根本无法通过其他途径传达，只有通过广告绘声绘色的图像、背景等进行传播，才能传达给受众。

2. 广告是激发和诱导消费的主要手段

消费者对某一产品的需求往往是一种潜在的需求，这种潜在的需求与现实的购买行为有时是矛盾的。广告造成的视觉、感觉刺激往往会勾起消费者的现实购买欲望，有些质优价廉的新产品，由于不为消费者所知晓，很难打开市场，而一旦进行了广告宣传，消费者就纷纷购买。此外，广告的反复渲染和反复刺激，会扩大产品的知名度，增加消费者的信任感，从而导致购买量的增加。农畜产品尤其是食物类产品，通过广告的视觉、声音的刺激，尤其能够引起消费者的购买欲望。

3. 广告是企业树立品牌的重要手段

农畜产品品牌建设是实现农畜产品价值增值、提高竞争力的重要途径。国外的农业企业非常重视对产品的品牌建设，如法国的香槟葡萄酒、波尔多葡萄酒、干邑葡萄酒，这些带有地理特征的葡萄酒闻名于世，主要原因是这些企业不惜花重金在世界各国做广告，但与此同时创造的经济效益也是惊人的。在法国仅葡萄酒行业每年就可以解决30多万人就业，创外汇200亿美元。与此相反，我国农畜产品市场上知名品牌却严重不足，其主要原因就是对品牌的增值效应认识不足，或者由于规模和资金问题，导致农畜产品广告投入不足，从而限制了我国农畜产品品牌的建设。

二、农畜产品广告目标的确定

在做农畜产品广告时，首先是要确立广告的目标。广告的目标就是生产经营者通过广告要达到的目的，是企业对广告活动的要求和控制广告活动的标准，也是衡量广告效果的依据。如将产品知名度由10%增加到25%、市场份额增加5%等。广告目标的实质就是要在特定的时间内对特定的受众完成特定内容的沟通。确立广告目标必须依据企业的有关目标市场、市场定位等。企业可以为了不同的具体目标进行广告活动。对于某一企业来说，在不同的时间、不同的情况下，可以确定不同的广告目标。美国市场学专家科利在他著名的《为衡量广告效果而确定广告目标》一书中列举了30种可能的广告目标。比如，一家公司试图在一年内，使3 000万家庭主妇中，知道某品牌含锌、铁牛奶的人数从10%提高到40%。实施这一广告促销方案包括四个因素：确定广告对象——3 000万家庭主妇；明确信息沟通的目标——某一品牌的含锌、铁牛奶；希望出现的变化——知道这一品牌的家庭主妇从10%提高到40%；时间——一年。

根据广告目标特点的不同，农畜产品广告目标可以分为告知、劝说、提示三大类。

（一）告知性广告

告知性广告是要向市场告知有关新产品的信息情况，目的是要为产品创造最初需求。它主要应用在产品生命周期的导入期。如生产酸奶的企业在产品刚投放市场时，通过广告告诉消费者酸奶有哪些营养价值。另外，通过广告还可以向消费者介绍一项老产品的新用途，说明产品的性能和功效，介绍可以提供的服务，纠正消费者在某方面产生的错误印象，减少消费者对使用产品的担心或树立一个公司的新形象。

（二）劝说性广告

劝说性广告是要为特定的消费者确定选择性的需求。它主要应用在产品生命周期的成长期。目前大多数的广告属于这一类型。如一个农畜产品生产经营企业可以通过各种媒体传播本地农畜产品或本企业农畜产品在同类产品中的优异之处，从而突出自己产品的优势。劝说性广告应用于那些竞争比较激烈的产品，如茶叶、水果等。其目的是促进和激发消费者建立产品品牌的偏好，吸引正在购买竞争对手的产品的消费者转向购买本企业的产品，以提高本产品的竞争力。

（三）提示性广告

提示性广告是保持顾客对产品的记忆，主要应用于产品生命周期的成熟期。例如，诸城得利斯集团经常在电视、杂志、路牌等媒体上做广告；山东寿光已是全国闻名的蔬菜大县，但他们还继续不断地在电视做广告、举办大型蔬菜博览会，而且常年做广告，这些广告的目的不是宣传新产品，也不是劝说消费者，而是提醒人们牢记寿光蔬菜的存在。提示性广告的作用在于提醒消费者在淡季也能记住这些产品，使产品保持较高的知名度，使产品深入人心。

三、确定广告主题

在广告目标明确以后，下一步就应当确定广告的主题。广告主题就是广告所要表达的中心思想。比如，通过突出某种农畜产品的“绿色”“无公害”“无籽”“体积硕大水果”“土特产”等各种主题，既确定了产品的定位，又容易引起消费者的购买行为，还可以达到广告目标。消费者在看广告时，很少保持较长时间的注意力，让眼光始终停留在广告上，因此尽量让消费者把眼光放在广告主题的“节骨眼儿上”就显得尤为重要。美国酸梅制造业者曾经一度经营失利，他们虽做过各种努力，但却徒劳无功。后来经过市场调查发现，消费者对酸梅的联想竟然是“老巫女”或是“又干又疮”。原来，在美国有个与梅子有关的词 oldpmneface 意思是：“皱缩风干如同酸梅的老脸”，用来形容蠢笨的或讨厌的人。实际上酸梅还有治疗便秘的功能，而当人们将酸梅理解为泻药时，也没有给酸梅带来好印象。此后，美国的一些酸梅企业努力通过广告创造新的酸梅主题，结果一夜之间，酸梅突然变成了一种甘美怡人、提神醒脑，且几乎和糖果一样令人垂涎的食物。由于广告画面上色泽乌黑、浸在黑乎乎液汁中的酸梅，突然变得鲜艳且散发出诱人的光泽，背景中的人物则时而出现亭亭玉立的溜冰少女，时而出现一群天真无邪、玩闹嬉笑的孩童。除了画面之外，广告词也变得生动活泼，比如“让你足下添翼”“快活似神仙”，另外一个广告则表示：“酸梅能够帮助血液循环，为你的双颊染上红晕。”创造了新的主题后，改头换面的酸梅在美国市场上销量不断直线上升。

广告主题的拟定有三种方法：一是选择最能表达产品特点的信息作为广告主题；二是选择消费者最关心的问题作为广告主题；三是选择在商品竞争中本企业的突出优势作为广告主题。

四、农畜产品广告定位

产品定位是指在广告中突出符合消费者心理需求的鲜明特点，确立商品在竞争中的方位，促使消费者树立选购该商品的稳定印象。对农畜产品来说，产品定位可以分为实体定位和观念定位两种。

（一）产品实体定位

产品实体定位就是在广告宣传中突出商品的新价值，强调与同类产品的不同之处和所带来的利益。实体定位策略又分为功效定位、品质定位、市场定位和价格定位。

1. 功效定位

功效定位就是在广告中突出商品的奇特功效，使该商品与同类商品有明显的区别，以增强选择性需求。比如在广告中塑造本地或本企业农畜产品的医疗、强身、保健功效，增强产品的竞争力。汕头罐头厂将生产橘子罐头后剥下来的橘子皮当中药材来卖，并宣传橘子皮有美容、减肥功效，结果橘子皮卖出了 32 元一斤的价格。

2. 品质定位

品质定位就是在广告中强调本产品的良好品质，以吸引消费者购买。章丘的“明水香稻”以宫廷御膳大米为主题，沂蒙山鸡蛋以绿色环保为主题，畅销到各大超市。

3. 市场定位

市场定位是市场细分策略在广告中的运用，它是将产品定位在对消费者最有利的市场位置上。比如把大樱桃广告定位在对生活质量有较高要求的中高层收入者，在广告中以高档汽车、宽敞住房等高收入幸福家庭为背景，塑造高品位的人生。

4. 价格定位

价格定位就是在广告中把价格定在适当的位置上。前面已经讲过，普通农畜产品价格弹性比较小，因此，农畜产品的广告价格定位一般用于那些高档次、无公害或者特色的农畜产品。

（二）产品观念定位

产品观念定位是指在广告中突出产品的新意义，改变消费者的消费习惯和购买心理，树立新的商品观念。农畜产品广告的观念定位在具体运用时可以分为是非定位和逆向定位两种方法。

1. 是非定位

是非定位是指从观念上人为地把产品市场加以区分的定位策略。

最有名的例子就是美国的七喜汽水，他们在广告中运用此种定位策略，把饮料分为可乐型和非可乐型饮料两大类，称自己的饮料是非可乐型的，从而突破可口可乐和百事可乐垄断饮料市场的局面，结果企业获得空前的成功。在农畜产品的营销中，出现了很多农业杂交生产技术，一些优异的杂交品种营销则完全可以运用是非定位的广告策略，开辟新的农畜产品市场。

2. 逆向定位

逆向定位是在自己的产品不如竞争对手的情况下，借助有名气的竞争对手的声誉来引起消费者对自己的关注、同情和支持，以希望在市场竞争中获得一席之地的广告定位策略。这种广告定位让消费者感到比较真实、诚恳，表明自己的产品不如对手，但我们正在通过努力准备迎头赶上，往往能收到很好的效果。比如在广告中强调“我们是本行业的老二，所以我们更加努力为顾客服务”等内容。目前，农畜产品地区之间差别很大，知名度处于二、三流的农业企业完全可以借助知名度较高地区领头企业的产品声誉，通过逆向定位策略，提高本企业产品的知名度。

五、广告制作的基本原则

在进行广告制作时，除要主题鲜明，目标明确，突出产品特色和竞争定位等内容外，还要必须遵循以下原则。

（一）真实性原则

真实是广告的生命。广告宣传应以客观存在的事实为依据，所介绍的信息应真实、科学、准确、具体，不能欺骗、浮夸，否则就会影响企业在消费者心目中的形象。如产品注水增加分量；打化学药水促早熟；谎称自己的番茄种子是从以色列进口的。

（二）合法性原则

由于存在广告的滥用，各个国家都制定了相应的法律法规，企业在制作广告时，必须符合国家法律法规的要求。比如不得以国家机关及其工作人员的名义做广告、不得危害社会公共秩序等；此外，特殊农畜产品，如转基因产品、绿色产品或经过认证的产品在宣传时，必须要附有权威机关的证明。

（三）思想性原则

广告宣传的不仅是商品，更间接地对消费者的思想、兴趣和行为起着潜移默化的作用。因此，广告不仅要讲究经济效益，还要讲究社会效益和环境效益。如广告中不得含有淫秽、迷信、恐怖、暴力等内容，否则，就属于思想不健康的广告。比如可口可乐印度公司，以前的广告是一个年轻人跳下高楼从飞驰的卡车中偷出饮料。但是自从一小男孩模仿索姆斯阿伯的广告从高楼跳下后，此公司便修改了自己的广告，现在的广告语便做出警告：偷是不健康的，跳楼是危险的。

（四）艺术性原则

广告作品要有艺术魅力与审美情趣，通过色彩、图画、文字、修饰等方面讲求艺术效果，使广告以生动艺术的形象感染消费者。

第三节　农畜产品人员推销

一、农畜产品人员推销

人员推销也称上门推销，是推销人员直接向目标顾客介绍产品，以促成购买的活动过程。农畜产品的人员推销大体上有三种类型。

1. 农民自己作为推销员，上门推销产品

如近年来，上海郊区的一些农民进城向城市居民兜售大米后，就拿出一沓名片向居民散发，以求招来回头客。

2. 城乡中介运销员

这些农畜产品流通中介运销员主要是一些农民贩运户、经纪人、个体营销户。

3. 龙头企业或农业组织的专门推销员

这类推销员一般受过专门技术训练，有固定收入，推销能力较强，是农畜产品人员推销中的中坚力量。

二、农畜产品推销队伍建设与管理

人员推销的关键是队伍的建设，拥有一支良好的推销队伍也就赢得了促销成功的一半。推销队伍的建设涉及推销方式、队伍组织结构、人员选择、培训、激励和报酬。

（一）确定推销方式

人员推销大致有四种方式。

1. 推销员对单个顾客

一个推销员当面或通过电话与某个顾客交谈，向其推销产品。

2. 推销员对采购小组

一个推销员向一个采购小组推销产品。

3. 推销小组对采购小组

一个推销小组向一个采购小组推销产品。

4. 会议推销

由营销组织的主管人员和推销人员同买方举行洽谈会，共同探讨，促成交易。营销者可根据产品特点和人员素质等具体情况，在上述方式中选择最适当的方式。

（二）确定推销队伍的组织结构

推销人员如何组织起来才能最有效率，是人员推销需要解决的首要问题。农畜产品人员推销的内部组织结构可采用以下三种形式。

1. 地区型结构

这是一种最简单的组织结构，指每个推销员或小组负责在一定地区推销所有的产品。这种结构适用于品种比较单一的农畜产品推销。它的优点是推销员责任明确，差旅费低。

2. 产品型结构

每个推销员或组负责一类或几类产品在各地的推销。当产品种类繁多，而且产品的技术性较强时，采用产品型结构较合适。因为推销员只有熟悉他所推销的产品，才能提高推销效率。

3. 顾客型结构

根据顾客的行业、规模、分销渠道的不同配备推销人员。比如按顾客规模分大客户、小客户，分别安排不同的推销员。它的优点是：推销员更加熟悉和了解自己的顾客，更能掌握其需求特点。

（三）确定推销队伍规模

推销人员的多少对企业的销售有直接的关系。一般来说，推销人员越多销售也越多，但同时也会使成本增加。一般的参考方法是采用工作负荷量法来确定推销队伍的规模。例如，假设某营销者有1 000个甲种客户和2 000个乙种客户，甲种客户每年需要36次登门推销，乙种客户每年需要12次登门推销，每年总共需要6万次登门推销。如果平均每个推销员每年能进行1 000次登门推销，那么，该营销组织需要60名专职推销员。

（四）推销人员的选择、培训

招聘和挑选到良好素质的推销员是降低人员推销成本、提高人员推销效率的基础，一般而言，营销组织者应根据其推销工作的特点来确定选拔标准。

招聘进来的推销员，必须进行培训才能上岗。推销人员的培训一般包括：本地区或本产品的发展历史和发展目标、产品知识、市场情况、推销技巧、法律常识、技术知识等。

（五）推销人员的激励和报酬

对推销员的激励手段有：工资或奖金的增加、物质奖励、职位提升、休假等。推销员的报酬，一般应以推销绩效为主要依据，同时考虑社会上同工种推销员的报酬水平。一般包括固定工资、佣金制、额外绩效奖励及各种补贴。

三、人员推销的基本技巧和推销策略

推销技巧是推销员用以解决实际推销过程中各种具体问题的一些比较适用的方法。推销过程中包括许多具体工作环节，如寻找潜在顾客、评估潜在顾客的推销价值、面谈、讲解与示范、处理顾客的异议、成交、后续工作等。这些环节都需要掌握一定的技巧。

农畜产品的推销途径不同，人员推销策略也有所不同。

（一）针对批发商的推销

对批发商来说，农畜产品的差价和利润是他们主要关心的因素，因此，推销的产品应该能够满足其市场利润较高的要求。

（二）针对代理商、经纪商的推销

对代理商、经纪商来说，产品的市场前景是他们关心的问题，因此，推销员应该重点介绍产品的功能、质量、品牌知名度等内容，以引起代理商的兴趣。

（三）针对加工企业的营销

农畜产品加工企业关心的是成本低、性能强的原料性农畜产品，因此，推销人员应该要能够阐述相关产品加工转化率的指标及其相应的性价比。

（四）针对机构团体的推销

学校、医院、饭店等机构团体的购买主要由专职主管负责，这些机构需要的是足够的产品质量安全。因此，推销员应该找准负责人，并重点表达产品的安全、营养质量及其质量控制能力。

（五）针对超市、农畜产品连锁店的推销

由于这些顾客关心的往往是产品的质量、安全问题以及相关的服务功能，如提供净菜、上门服务等。因此，推销员也应该针对这些特点，组织交谈的内容。

第十四章　农畜产品网络营销策略

第一节　合理布局营销市场

首先，制定和实施农畜产品市场体系建设规划。要在认真调查研究的基础上，充分考虑各类农畜产品生产、流通、消费、进出口的格局和要求，从保证流通顺畅、满足居民消费和扩大出口的需要出发，科学论证，形成布局合理、全国统一的、中央与地方相衔接并分级管理的农畜产品市场网络。依靠及时、准确的市场信息和高效率的流通，引导、促进农业和农村经济结构的调整，增加农民收入。

按照自然规律的运行法则，老百姓从事农业生产劳动，就要生产农畜产品，除去供自己食用外，就要进入流通，实施交易，要交易就要有交易场所，建立市场。市场不仅有固定市场，也有动态市场。随着市场经济的发展，农民将不可避免地成为市场经济的主体，千家万户的小生产，要直接面对千变万化的大市场，农民需要了解市场，选择市场，决定自己种什么、养什么，他们渴求准确的需求信息，总想使手中的产品尽快变成商品，并卖一个好价钱，获得最高的利润，这些都离不开现代农业信息和农畜产品市场建设。

应采取的主要措施：一是国家财政扶持一点，所在市、州地方财政挤一点，参与单位和个人筹集一点，建立优质农畜产品综合市场，实行国家控股，联合经营。二是利用现有各地已建市场的基础设施条件，按照规划布局要求，进行扩建和改造；可以采用独资、联营或股份合作制的方式营运。三是吸收外资或外省企业资金，按照统一规划布局，建立优质农畜产品综合市场，实行全额独资经营。四是利用集体企业或民间企业资金建立农畜产品市场，实行承包经营或民营。

第二节 建立市场营销网络

加快农业信息建设，建立市场营销网络，是迎接加入WTO后对传统农业挑战的需要。要充分合理地配置土地资源，发挥土地增产潜力，增加适销品种和特种作物的种植面积，提高种植水平，以增强出口创汇能力，其中很重要的一点，就是要及时知道国内外市场信息，了解市场行情，指导生产，否则盲目跟风种植，将血本无归。

一、基本设想

一是搞好大中城市优质农畜产品市场营销网络和省农业行政主管部门的农业信息网络建设。开通与农业农村部、省际、大中城市优质农畜产品市场间，以及国际农畜产品市场间的信息；了解市场行情，逐步规范市场信息采集行为，建立和完善信息发布制度，争取用几年时间，逐步构筑及时、准确、系统、权威的农业信息体系。

二是搞好中小城市特色农畜产品市场营销网络建设贯通与省农业农村行政主管部门间、大中城市优质农畜产品市场间的信息，了解掌握各地市场行情。

三是搞好生产地域乡镇产地批发市场网络建设。联通与省农业农村行政主管部门和大中城市间、中小城市间的信息，了解和掌握农畜产品市场信息动态，让网络触动农民。

四是搞好种植业大户或中心示范户网络建设沟通与省、市、县农畜产品市场间的信息，使农民通过信息高速公路，直接了解农业生产情况和现代农业信息，以便从事更为合理，费省效宏的农事活动。

二、应着重解决的问题

（一）加大政府的扶持力度

农业市场网络和农业信息化建设就目前来说，离开国家和各级政府的拉动是难以实现的。国家应重点支持农业科技信息数据库和多种信息产品的研制开发、协作和服务，加强全国农业信息科学的学科建设和复合型人才培养，并把先进的科研成果应用于生产，在全国推广，并加强省级农业农村行政主管部门的网络建设。地方政府要重点扶持本地农业信息和农畜产品市场网络建设，纳入各地基本建设和城市改造规划，统筹安排；各级政府和涉农部门都应把市场网络建设和农业信息化工作，当作西部大开发科技教育的大事来抓。

（二）加强农业市场网络建设的系统管理

健全管理机构，加强对优质农畜产品市场网络建设工作的领导，搞好协调工作，完善信息传输反馈网络，使信息流上下贯通，流动自如。

（三）解决好市场网络信息的传递问题

首先要把市场网络建设和应用软件的开发、使用、推广结合起来，扩大网络开放程度，实现网络信息共享，真正发挥网络的作用，把研究成果和先进技术、市场动态等变为现实生产力。通过农业信息网络末端种植大户或中心户，把网上收集整理的有价值的信息源，定期张贴到信息栏，就可供农户参考，辐射到农民手中了。各级政府和涉农部门就可通过信息高速公路，及时、准确地向农民提供价格信息、生产信息、库存信息以及气象气候信息，提供中长期的市场预测分析，帮助农民按照市场需求安排生产和经营，使农畜产品市场信息网络成为政府引导农民调整结构的重要手段。

第三节　构筑物流运行框架

农畜产品物流运行需要安全、快速、准确的流通，生产与流通结合，流通越便捷，就越能占领市场，获得好的效益。

一、规范市场营销管理

优质农畜产品市场营销要做到有序进行，促进市场发育和农业与商业部门结构的调整，增加农民收入。

二、要加大各级政府的扶持力度

日本的农林水产省和各县的农政部，作为农业农村行政主管部门都有指导、研究农业生产技术和市场营销的机构和部门；全国农业协同组合（协会）和各县、市、町、村农业协同组合以及中央经济联合会和各县、市经济联合会，也有市场营销的管理部门和生产技术指导机构，只是各自的侧重点不同而已。农业农村行政主管部门主要负责管辖区域内行政法规、政策的调查、研究和制定以及推广技术的指导等工作；农业协会则负责区域内涉及农户的各种农用生产物资供应、产品运输、销售以及各种生产成本核算、管理和有关农业技术和普及等工作；经济联合会则负责区域内经济群体间的术指导和生产物资供应、产品运输、销售等工作。我们的市场营销系统还未建立，工作重点处于薄弱环节，各级政府应从资金、政策、场地等方面给予大力支持和关注，才能使农畜产品市场营销体系建设步入健康的轨道，促进农村经济的发展。

三、培养市场营销人才

西部大开发，人才是关键。没有人，什么事情也干不成。我们要按照市场经济的要求，努力培养现代农业技术推广人才、信息网络人才、物流运输人才、市场营销人才、培育农民经纪人，为农畜产品找“婆家”牵线、搭桥，造就一支生机蓬勃的市场营销队伍。

四、搞好产品宣传

各地一定要重视优质农畜产品和特色农畜产品的宣传，可采取图片资料展览，电视专题片介绍，VCD 光盘，新闻媒体采访等多种形式，舆论先行，占领市场，争取良好的经济效益。

五、搞好质量标准体系建设

抓紧制定优质农畜产品质量标准体系，完善检测手段，这既是实行优质优价的需要，也是参与国际竞争的需要。

六、规范市场营销行为

优质农畜产品基地的建设，必须选择优质品种，推广优质配套栽培技术，进行科学的管理。各种优质农畜产品必须按照质量标准进行检测、分等分级、开发保鲜、精品包装；做到及时、快速、安全、文明运输；不符合质量标准、内质和外观要求的，决不进入市场销售；严格市场运行管理，实行优质优价，才能筑起优质农畜产品的辉煌丰碑。

主要参考文献

陈方丽，高光照，2021. 农产品市场营销. 北京：中国农业出版社.

刘遗志，2022. 农产品区域公用品牌建设理论与实务. 北京：经济科学出版社.

刘玉军，郭艳红，罗传贵，2023. 农产品营销与品牌建设. 北京：中国农业科学技术出版社.

史安静，高黎明，尚子焕，2017. 农产品质量安全与市场营销. 北京：金盾出版社.

王丽丽，2023. 农产品区域公用品牌建设研究. 北京：中国财政经济出版社.

翁胜斌，2022. 农产品品牌一本通. 北京：中国商业出版社.

易桂林，黄远，任永锋，2020. 农产品市场营销. 北京：中国农业科学技术出版社.

于学文，杨欣，张林约，2017. 农产品市场营销与电子商务. 北京：中国农业出版社.

张贵友，2022. 农产品品牌打造之道. 合肥：安徽科学技术出版社.

赵晓玲，2022. 农产品品牌管理. 哈尔滨：黑龙江科学技术出版社.